国家骨干高职院校建设机电一体化技术专业
（能源方向）系列教材

煤矿机电设备的操作与检修

王　京　　主　编
刘月琴　郄　伟　副主编
袁　广　　主　审

化学工业出版社
·北京·

本教材内容分为四部分：采煤机的操作与检修、刮板输送机的操作与检修、液压支架的操作与检修和掘进机的操作与检修。依据由简单到复杂、由部分到整体的认知过程，根据职业岗位的典型工作任务，设计不同的任务驱动项目。引入行业企业技术标准、职业标准、安全法规，根据职业岗位的典型工作任务，设计不同的任务驱动项目。

本教材适用于高职高专矿山机电专业、能源机电专业学生使用。

图书在版编目（CIP）数据

煤矿机电设备的操作与检修/王京主编. —北京：化学工业出版社，2014.5（2023.3 重印）
国家骨干高职院校建设机电一体化技术专业（能源方向）系列教材
ISBN 978-7-122-19950-8

Ⅰ.①煤… Ⅱ.①王… Ⅲ.①煤矿-机电设备-操作-高等职业教育-教材②煤矿-机电设备-检修-高等职业教育-教材 Ⅳ.①TD6

中国版本图书馆 CIP 数据核字（2014）第 041548 号

责任编辑：高　钰　　　装帧设计：张　辉
责任校对：宋　玮

出版发行：化学工业出版社（北京市东城区青年湖南街 13 号　邮政编码 100011）
印　　装：北京科印技术咨询服务有限公司数码印刷分部
787mm×1092mm　1/16　印张 9¾　字数 235 千字　　2023 年 3 月北京第 1 版第 4 次印刷

购书咨询：010-64518888　　　售后服务：010-64518899
网　　址：http://www.cip.com.cn
凡购买本书，如有缺损质量问题，本社销售中心负责调换。

定　　价：40.00 元

前言

能源是内蒙古自治区重点发展的优势产业。近年来，内蒙古的煤炭产量保持了快速增长。随着煤炭工业的发展，能源企业改善技术装备、提升现代化水平，引进并推广了大批新型的、自动化程度高的煤炭机电一体化设备。机电设备的安装、使用、检修水平也相应提高。由于机电设备的正常运行对于企业的安全运行和经济效益的提高发挥着非常重要的作用，因此需要进一步提高劳动者的素质，以满足当前能源企业技术发展水平和安全管理水平的要求。

本书由内蒙古机电职业技术学院王京老师主编，内蒙古机电职业技术学院刘月琴、呼和浩特职业学院郄伟为副主编，内蒙古机电职业技术学院袁广教授主审。参编人员包括内蒙古机电职业技术学院李青禄、李满亮、王景学。

编写过程中，得到了神东天隆集团有限责任公司朱泽阳，鄂尔多斯市天池华润煤矿装备有限责任公司孟建新、杨子仁等的帮助和支持，在此向他们表示忠心的感谢！

由于编者水平所限，书中不足之处在所难免，敬请广大读者和专家批评指正。

编者

目　　录

任务一　采煤机的操作与检修

分任务一　采煤机操作技能训练

任务描述

学生需要独立进行采煤机的操作，操作过程规范、正确。

能力目标

① 能正确操作采煤机；

② 能说出采煤机的结构组成；

③ 能准确说出采煤机操作的注意事项；

④ 能够对操作过程进行评价，具有独立思考能力与分析判断的能力。

相关知识链接

一、采煤机用途

采煤机是以旋转工作机构破煤，并将其装入输送机或其他运输设备的采煤机械。采煤机是一个集机械、电气和液压为一体的大型复杂系统，是实现煤矿生产机械化和现代化的重要设备之一。机械化采煤可以减轻体力劳动、提高安全性，达到高产量、高效率、低消耗的目的。

二、采煤机分类

采煤机有不同的分类方法，一般按照工作机构的形式进行分类，可分为：锯削式采煤机，即截煤机，靠安装在循环运动的截链上的截齿深入煤壁截煤；刨削式采煤机，即刨煤机，靠刨刀的往复运动刨削破煤；钻削式采煤机，靠钻头边缘的刀齿钻入煤体，由钻头中部的破煤刀齿将中部的煤体破碎；铣削式采煤机，靠滚筒上的截齿旋转铣削破煤。现在所说的采煤机主要指滚筒采煤机，是铣削式采煤机，这种采煤机适用范围广，可靠性高，效率高，应用广泛。滚筒式采煤机一般有如下分类方式。

① 按滚筒个数分：单滚筒和双滚筒采煤机，如图 1-1 所示。

② 按牵引方式分：钢丝绳牵引采煤机、锚链牵引采煤机和无链牵引采煤机。

③ 按牵引控制方式分：机械牵引采煤机、液压牵引采煤机和电牵引采煤机。

④ 按牵引机构调速方式分：机械调速采煤机、液压调速采煤机和电动机调速采煤机。

⑤ 按牵引机构设置方式分：内牵引采煤机和外牵引采煤机。

⑥ 按机身设置方式分：骑输送机采煤机和爬底板采煤机等。

三、滚筒采煤机组成

滚筒式采煤机的类型较多，结构也比较复杂。但基本上以双滚筒采煤机为主，其基本组

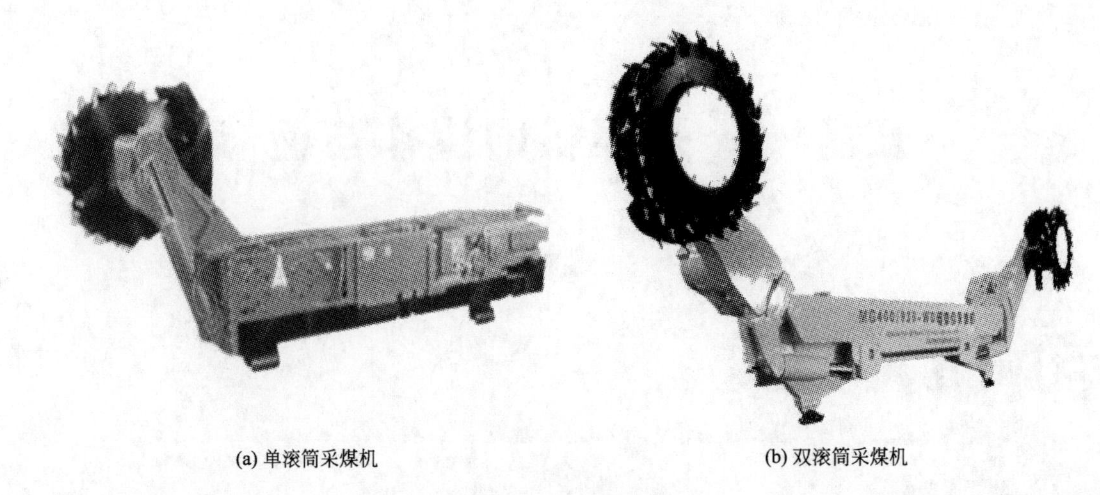

(a) 单滚筒采煤机　　(b) 双滚筒采煤机

图 1-1　滚筒采煤机

成部分大致相同，各种类型的采煤机一般都由下列部分组成（如图 1-2 所示）。

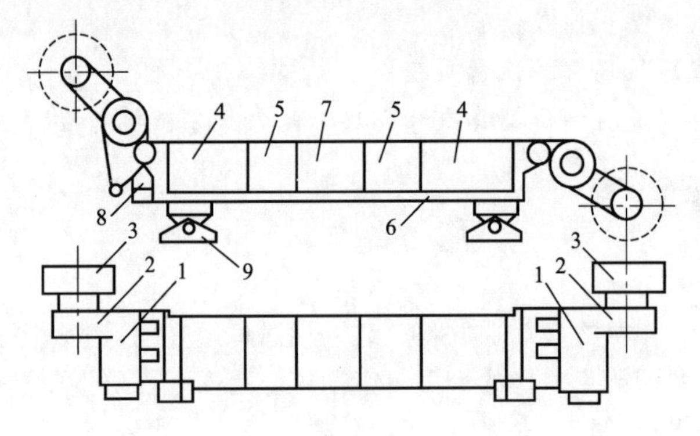

图 1-2　电牵引采煤机

1—截割电动机；2—摇臂减速器；3—滚筒；4—行走部；
5—调高泵站；6—底托架；7—电控箱；8—调高油缸；9—导向滑架

1. 截割部

截割部是采煤机的工作部件，其组件主要有：摇臂减速箱，截割电机，冷却和喷雾装置，截割滚筒及附件。截割部的主要作用是落煤、碎煤和装煤。

2. 牵引部

牵引部由牵引传动装置和牵引机构组成。牵引机构是移动采煤机的执行机构，又可分为锚链牵引和无链牵引两类。牵引部的主要作用是控制采煤机，使其按要求沿工作面运行，并对采煤机进行过载保护。

3. 电控系统

电控系统包括电动机及其箱体和装有各种电气元件的中间箱体。该系统的主要作用是为采煤机提供动力，并对采煤机进行过载保护及控制其动作。

4. 辅助装置

辅助装置包括挡煤板、底托架、电缆拖曳装置、供水喷雾冷却装置，以及调高、调斜装置等，是保证采煤机正常工作，改善采煤机工作条件，起辅助作用的装置总称。该装置的主要作用是同各主要部件一起构成完整的采煤机功能体系，以满足高效、安全采煤的要求。

四、滚筒采煤机的特点

滚筒采煤机具有如下特点。

① 进行双向采煤，螺旋滚筒既用于落煤，又具有很好的装煤功能。

② 采煤机滚筒可以截到工作面的端头，可以自开工作面两端的切口。

③ 滚筒采煤机的切割功率大，滚筒的机械强度高，能截割各种硬度的煤层以及较软的夹矸层和部分顶底板岩石。

④ 滚筒调高范围大，能适应煤层厚度变化的要求；与可弯曲刮板输送机配合使用，可适应底板起伏不平的情况。

⑤ 具有较大的牵引速度，生产效率高。

⑥ 有比较完善的保护装置，如自动调速和过载保护，高低保护及电气保护等。

⑦ 操作方便，除了手把操纵外，还可用按钮操纵，有的还可以在离机 10m 左右处进行无线电遥控操纵。

⑧ 附属装置日趋完善，装设有拖电缆、降尘冷却、链条张紧、防滑和大块煤破碎等装置。

⑨ 标准化、系列化、通用化程度高。

五、滚筒采煤机技术参数

滚筒采煤机的技术参数以 MGTY400/930—3.3D 电牵引采煤机为参照介绍，本书后面章节中所涉及的采煤机相关参数也以该机型为例讲解，具体技术参数见表 1-1。

表 1-1　MGTY400/930—3.3D 电牵引采煤机技术参数

序号	名　称		参　数
1	采高范围/m		2.0～3.5
2	机面高度/mm		1579
3	适应煤层倾角/(°)		≤25
4	适应煤层硬度		f≤4
5	装机总功率/kW		930
6	供电电源电压/V		3300
7	摇臂长度/mm		2168
8	摇臂摆角	上摆角度/(°)	31.14
		下摆角度/(°)	22.88
9	截割电机	功率/kW	400
		转速/(r/min)	1480
		电压/V	3300
		冷却方式	水冷
10	滚筒转速/(r/min)		32.7
11	截割速度/(m/s)		3.1
12	滚筒直径/mm		1800
13	滚筒截深/mm		800
14	降尘方法		内外喷雾

续表

序号	名　称		参　数
15	牵引方式		交流变频无级调速链轮销排式无链牵引
16	变频范围/Hz		1.5～50～84
17	牵引传动比		310.5
18	截割传动比		45.27
19	牵引电机	功率/kW	55
		转速/(r/min)	0～1472～2455
		电压/V	380
		冷却方式	水冷
20	牵引速度/(m/min)		0～7.7～12.0
21	牵引力/kN		750～450
22	牵引中心距/mm		6325
23	摇臂回转中心距/mm		7875
24	滚筒最大中心距/mm		12 211
25	主机架长度/mm		8125
26	泵站电机	功率/kW	20
		转速/(r/min)	1465
		电压/V	3300
		冷却方式	水冷
27	调高泵额定压力/MPa		20
28	调高泵排量/(mL/r)		20.9
29	制动器压力/MPa		2
30	最大卧底量/mm		260
31	总重量/t		54

六、滚筒采煤机型号编制

滚筒采煤机型号编制依据中华人民共和国煤炭行业标准 MT/T 83—2006。

1. 产品型号的组成和排列

采煤机的产品型号由产品系列代号和派生机型代号两部分组成。型号用数字和拼音字母混合编制。具体形式如下：

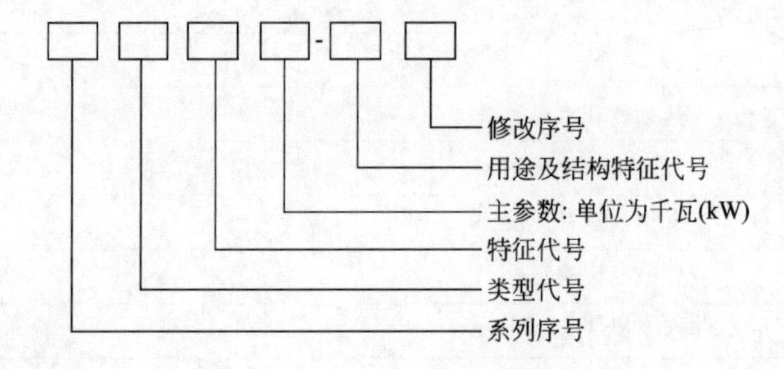

2. 产品型号各组成代号的说明

(1) 产品系列代号

① 产品系列代号的组成和用途。产品系列代号由系列序号、类型代号和特征代号组成。产品系列代号可作为该系列产品的总称，也可作为该系列产品中某一产品的简称。

② 系列序号。当产品按系列设计时，以阿拉伯数字顺序编号。当产品按单机设计时，此项省略。

③ 类型代号。以产品类型代号 M 表示采煤机。

④ 特征代号。以产品特征代号 G 表示滚筒式。

(2) 派生机型代号

① 派生机型代号的组成。派生机型代号由主参数、用途及结构特征代号和修改序号组成。

② 主参数。主参数用截割电动机功率/装机总功率表示，并规定如下。

a. 电动机功率为 S1 连续工作制下的额定功率值，只有破碎装置专用电动机允许使用在周期工作制下的额定功率值。单位均为千瓦（kW）。

b. 截割电动机功率为一台截割电动机的额定功率值。当两台电动机并（串）联驱动时视同一台电动机，功率值为两台电动机额定功率之和。

c. 装机总功率为采煤机所有电动机额定功率之和。

d. 当采煤机只用一台主电动机驱动时，主参数表示方法可简化为：主电动机额定功率值。

e. 当采煤机只用两台相同的电动机驱动时，主参数表示方法可简化为：2×一台电动机额定功率值。

③ 用途及结构特征代号。用途及结构特征代号按表 1-2 先后顺序排列。

表 1-2　用途及特征代号

序号	用途及结构特征	代号
1	适用于薄煤层	B
	适用于中厚煤层以上	省略
2	适用于煤层倾角 35°以下	省略
	适用于煤层倾角 35°～55°(大倾角)	Q
3	基型	省略
	高型	G
	矮型	A
4	双滚筒	省略
	单滚筒	T
5	骑槽式	省略
	爬底板式	P(省略 B)

续表

序号	用途及结构特征	代号
6	摇臂摆角小于120°	省略
	摇臂摆角大于120°(短壁式)	N(省略T)
7	牵引链或钢丝绳牵引	省略
	无链牵引	W
8	内牵引	省略
	外牵引	F
9	液压调速牵引	省略
	电气调速牵引	D

④ 修改序号。当对已定型采煤机作局部结构修改后，可由设计单位自行以阿拉伯数字依次表示。

3. 产品型号编制举例

型号为4MG650/1600—WD表示第4系列中截割电动机额定功率650kW、装机总功率1600kW、适用于中厚煤层、煤层倾角小于35°、基型、摇臂摆角小于120°、无链牵引、内牵引、电气调速牵引的采煤机。

七、双滚筒电牵引采煤机操作程序及注意事项

(一) 采煤机安全操作

采煤机司机必须经过专业技术培训，掌握所操作采煤机的构造、性能、工作原理和生产工艺，并做到会操作、会维护、会保养、会排除一般性故障。经考试合格后持证上岗。

1. 操作准备

(1) 采煤机司机必须备齐常用工器具和易损配件。

(2) 检查采煤机运行通道是否畅通，刮板输送机的弯曲段是否符合规定，了解工作面顶、底板及支护情况。

(3) 了解上一班采煤机运行情况及存在问题。

(4) 采煤机运行前的检查。

① 检查采煤机隔离开关是否在断电位置，采煤机各手柄、按钮、旋转开关是否在“零”位，机械动作是否灵活可靠。

② 检查采煤机各零部件是否齐全、完好，各连接件是否齐全、紧固、可靠。

③ 检查截齿是否齐全、完好，安装是否牢固，对缺少、磨损的截齿必须及时补充、更换。

④ 检查各润滑部位油位是否正常。

⑤ 检查各密封部位是否有渗油、漏油现象。

⑥ 检查拖缆装置、电缆夹、电缆是否有损坏、刮卡，水管是否有破裂现象。

⑦ 检查各喷雾、冷却系统是否齐全、完好。

⑧ 检查各种仪表是否完好。

⑨ 检查采煤机周围环境，确认对人员无危险和机器转动范围内无障碍物。

2. 正常操作

（1）开机操作步骤

① 向周围人员发出开机警示信号。

② 通知控制台专职电工给采煤机送电；通知泵站司机开启喷雾泵。

③ 解除采煤机对刮板输送机的闭锁并发出刮板输送机启动信号。

④ 打开采煤机的供水阀，确保冷却水流量和压力正常。

⑤ 待刮板输送机运转正常后将采煤机隔离开关手柄旋转到“合”位。

⑥ 先启动采煤机油泵电机，再合上左、右截割电机离合器手柄，分别启动左、右截割电机并查看显示屏幕及各种指示显示是否正常。

⑦ 调整摇臂至适当高度，待采煤机滚筒旋转正常以后，选择牵引方向，按下“牵启”按钮，牵引启动。

（2）正常运行

① 割煤过程中，采煤机司机应精力集中，随时注意观察顶底板、煤层变化、刮板输送机载荷及支架支护等情况，及时调整采煤机运行状态。

② 左摇臂升降：可在左端头站或左遥控发射机上操作，按“左升”则左摇臂升，按“左降”则左摇臂降。

③ 右摇臂升降：可在右端头站或右遥控发射机上操作，按“右升”则右摇臂升，按“右降”则右摇臂降。

④ 牵引启动：按下电控箱上的“牵启”按钮，牵引启动。初始状态给定速度为零（大倾角状态下变频器设定一定值的初始频率即预牵力，使采煤机预牵引力与下滑力平衡，保证采煤机初始状态速度为零），由加、减速按钮调整牵引速度。

⑤ 牵引方向：按下“向左”或“向右”按钮。牵引过程中换向时，必须先将采煤机减速至零，方可按下相应的方向按钮。

⑥ 牵引停止：可以在电控箱、左右端头站或遥控发射机处按下“牵停”按钮，牵引速度自动为零。

⑦ 按任意遥控器上的“向左”键或“向右”键可选择采煤机的牵引方向和调整采煤机牵引速度，释放后牵引方向和速度将保持。

⑧ 按任意遥控器上的“牵停”键可使采煤机牵引停止。

⑨ 方式选择：按下“方式”按钮，采煤机运行于调动状态，速度可在允许范围内调节，调动速度只能用于空车调车用，严禁用于割煤。

⑩ 显示：按下“显示”按钮可显示存储的运行参数，连续按下可循环显示，放开后可自动回到正常屏幕。

（3）正常停机

① 采煤机必须牵引到支护完好、无片帮的适当位置方可停机。

② 将采煤机降至低速后，按下遥控器上的“牵停”键停止牵引。

③ 停止左、右截割电机后，将两滚筒降至底板位置，分开离合器，然后停止油泵。

④ 按电控箱（兼闭锁）或左、右端头站（不兼闭锁）或左、右遥控发射机（不闭锁）

“停机”按钮，停止采煤机主机。

⑤ 将采煤机主隔离开关置于“分”位，并闭锁。

⑥ 通知控制台专职电工切断采煤机电源并闭锁；通知泵站司机停止喷雾泵后，关闭采煤机上的供水阀。

(4) 紧急停机

出现冒顶、严重片帮、采煤机掉道、拖缆或电缆夹板损坏及危及人身安全等紧急情况时，可采取下列任意一种方法紧急停机。

① 按下任一遥控器上的“急停”键。

② 按下采煤机控制面板上或左右端头站上的“主停”按钮。

③ 按先导回路“主停”按钮（SBT）断开先导回路。

④ 断开采煤机主隔离开关。

3. 结束

(1) 停机后清理采煤机机身、摇臂上的浮煤及杂物。

(2) 严格执行交接班制度，向接班司机详细交待本班采煤机运行状况、存在问题及注意事项，按规定填写交接班记录和运转日志。

(二) 注意事项

(1) 采煤机不得带负荷启动。启动截割电机之前，必须先将两截割滚筒离开机窝和顶底板，同时不得与其他设备互相干涉。启动破碎机之前，必须确保破碎机滚筒处无大块煤和矸石等物料堵塞。

(2) 启动截割电机之前，为了使摇臂各部位齿轮、轴承得到良好润滑，应将两个摇臂升降两三次，使润滑油能够流向摇臂各部位。

(3) 更换、检修采煤机电源电缆或电机电缆后，必须单电机空载点动试运转，确保电机转动方向正确。

(4) 采煤机运行过程中，如发现下列问题，必须立即停机检查，待问题处理后方可开机割煤。

① 采煤机电缆夹、电缆和水管刮卡受力、侧向翻转、脱离电缆槽及电缆槽内有块煤或矸石。

② 采煤机单个滚筒截齿缺少、损坏超过三个。

③ 采煤机电流、温度、牵引速度等数值发生异常变化或有其他警告。

④ 各润滑部位润滑或油位及油质异常。

⑤ 冷却水流量、压力达不到要求。

⑥ 遥控器操作失灵，急停开关不起作用。

⑦ 电机、轴承等转动部位声音、温度异常。

⑧ 刮板输送机堵大块煤或矸石、过载、自动停机。

⑨ 支架护帮板不能及时收回或其他影响到采煤机安全运行。

(5) 必须按照作业规程的要求，保持顶、底板平整，采高达到规定要求。

(6) 检修采煤机时，机身范围内顶板必须完好，防护符合规定。

(7) 必须按采煤机使用说明书及润滑图表指定的油脂标号和周期加油，严禁混用。

(8) 采煤机维护、检修前，必须有可靠的防滑措施确保采煤机在倾斜工作面上不下滑。

分任务二　采煤机截割部的维护

任务描述

掌握采煤机截割部的维护方法。

能力目标

①能说出采煤机截割部的组成部分；
②能正确操作采煤机截割部；
③能说出截割部操作的注意事项；
④能说出采煤机截割部的常见故障并能分析排除；
⑤能够对操作过程进行评价，具有独立思考能力与分析判断的能力。

相关知识链接

一、采煤机截割部的组成

截割机构是采煤机实现落煤、装煤的主要部件，截割部的作用是将电动机的动力经过减速后，传递给截割滚筒，以进行割煤，并且通过滚筒上的螺旋叶片将截割下来的煤装到工作面输送机上。它分别由左右截割部组成，安装在采煤机两端，同主机架铰接，每个截割部主要由摇臂、提升托架、截割电机、齿轮减速装置、截割滚筒等组成，截割部内设有冷却系统、内喷雾等装置，如图 1-3 所示。

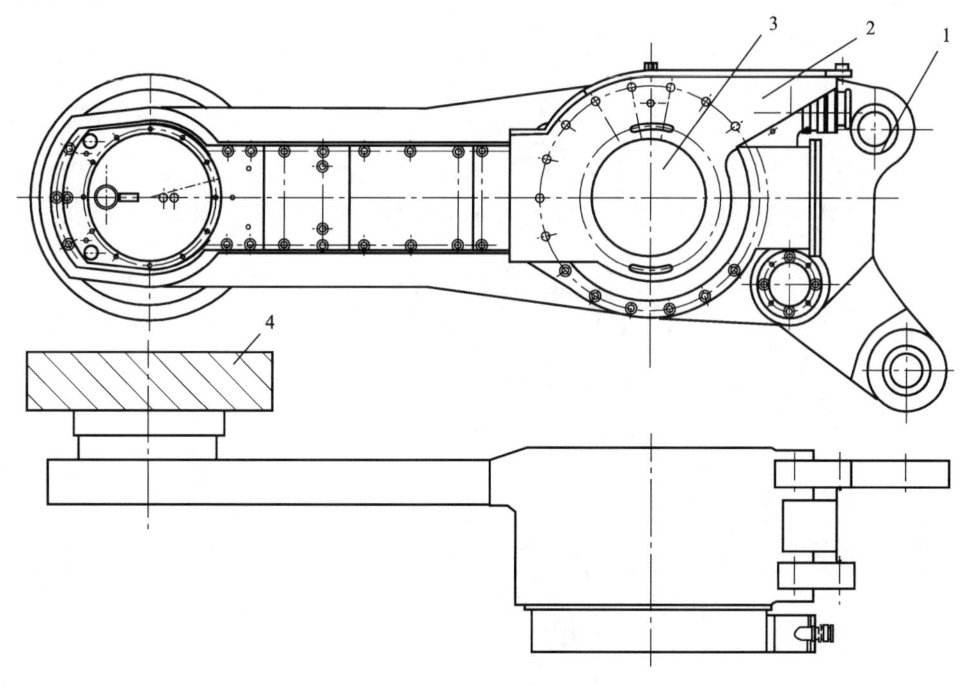

图 1-3　截割部

1—提升托架；2—电机护罩；3—截割电机；4—截割滚筒

截割电机横向布置在摇臂的尾部，分别由两台交流电动机驱动，通过摇臂的传动系统减速后将动力传递给截割滚筒，驱动截割滚筒旋转。摇臂的升降由调高油缸来控制。截割部的性能参数见表 1-3。

表 1-3 MGTY400/930—3.3D 电牵引采煤机截割部性能参数

名称			单位	数值或说明
电动机（防爆型）（YBC-400G）	功率		kW	400
	转速		r/min	1480
	电压		V	3300
	电流		A	94.6
	冷却水流量		m^3/h	2.1
	冷却水压力		MPa	2
输出轴传动比	变速齿轮齿数	36/33		$i_1=37.93$
		39/33		$i_2=45.2$
		41/28		$i_3=50.915$
输出轴转速			r/min	39
			32.74	r/min
			29.06	r/min
润滑方式				飞溅式
齿轮油型号				中极压工业齿轮油 N320
喷雾方式				内、外喷雾
外型尺寸			mm	2730×2200×1040
机器重量			kg	7990

（一）螺旋滚筒

螺旋滚筒式截煤工作机构由螺旋滚筒和截齿组成，当滚筒转动时截齿进行截煤，螺旋滚筒的叶片进行装煤。

1. 滚筒结构

如图 1-4 所示，滚筒由端盘、螺旋叶片、截齿（装在叶片顶端及端盘周边齿座上）、筒毂、滚筒轴、喷嘴组成。螺旋叶片的旋转方向有左旋和右旋之分，如图 1-5 所示。

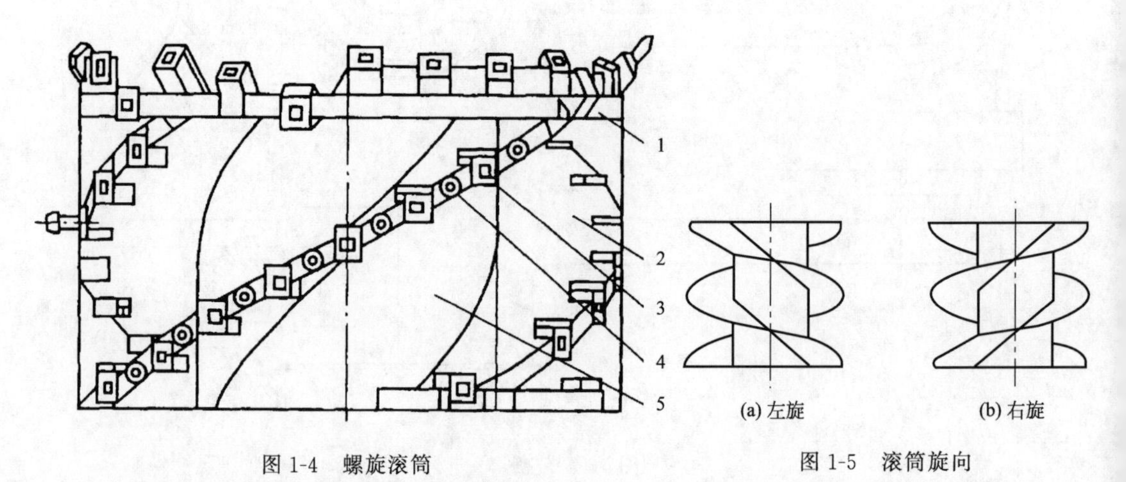

图 1-4 螺旋滚筒

1—端盘；2—螺旋叶片；3—齿座；4—喷嘴；5—筒毂

图 1-5 滚筒旋向

2. 滚筒工作原理

滚筒转动时，截齿截割和剥落煤体，螺旋叶片将碎煤运至滚筒的采空侧，装入输送机。位于叶片上和端盘上齿座旁边的内喷嘴用于喷雾，进行冷却降尘。

3. 螺旋滚筒的运动参数

螺旋滚筒的运动参数包括滚筒的旋转方向和转速。为了输送机推运煤，滚筒的旋转方向必须与滚筒的螺旋线方向一致。

（1）滚筒的旋转方向

滚筒的旋转方向要综合考虑采煤机的工作稳定性、安全性、采装煤的效果以及产生的煤粉量。

① 顺转：刀具截煤方向与碎煤落下的方向相反（站在采空区侧看滚筒），此时叶片应为左旋，如图 1-6（a）所示。

② 逆转：刀具截煤方向与碎煤落下的方向相同（站在采空区侧看滚筒），此时叶片应为右旋，如图 1-6（b）所示。

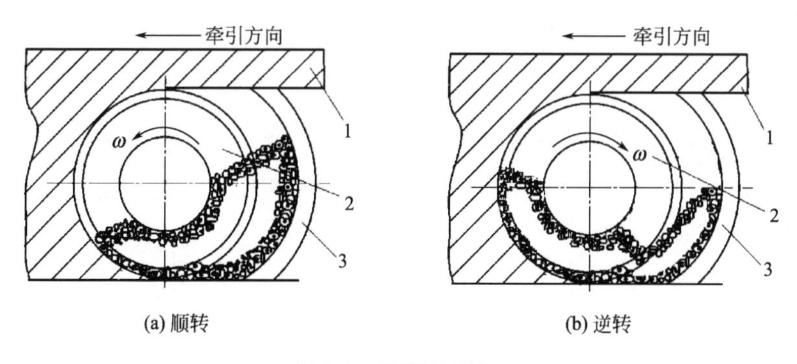

图 1-6　滚筒的转向

1—煤区；2—滚筒；3—挡煤板

对于双滚筒采煤机（如图 1-7 所示），为了保证采煤机的工作稳定性，双滚筒采煤机两个滚筒的旋转方向应相反，以使两个滚筒受的截割阻力相互抵消，因此，两个滚筒必须具有不同的螺旋方向。两个转向相反的滚筒有两种布置方式：一是正向对滚[如图 1-7(a)所示]，采用这种方式，采煤机的工作稳定性较好，但滚筒易将煤甩出打伤司机，且煤尘较大，影响司机正常操作。因此正向对滚适用于薄煤层、滚筒直径较小的采煤机。二是反向对滚[如图 1-7(b)所示]，采用这种方式，采煤机的工作稳定性较差，易振动，但装煤效果好，煤尘少。

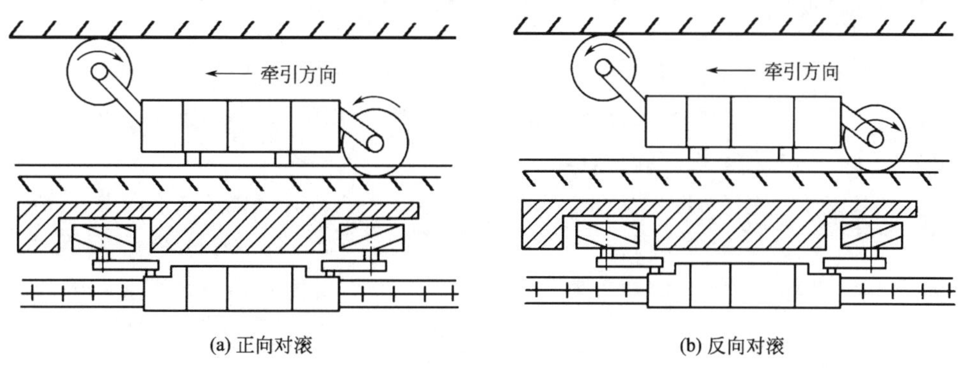

图 1-7　双滚筒采煤机的滚筒转向

对机身较重的采煤机，机器振动影响不大。因此，大部分采煤机都采用反向对滚的方式，即左滚筒为左旋叶片，逆时针旋转；右滚筒为右旋叶片，顺时针旋转。中厚煤层双滚筒采煤机都采用这种方式。

需要注意的是，为了保证螺旋叶片向输送机装煤，而不是向煤壁推煤，滚筒叶片的螺旋方向应与滚筒转向相适应。站在采空区一侧看滚筒，右螺旋滚筒应是顺时针方向转动，左螺旋滚筒应是逆时针方向转动。不论采煤机的牵引方向如何，都必须保持这个关系。

(2) 滚筒的转速

滚筒的转速影响截齿的切削厚度，滚筒转速越高，截齿的切削厚度越小，反之相反。切削厚度太小，使截割单位体积煤所消耗的能量大，且煤被过分粉碎，产生大量煤尘。因此，为了减少煤尘和降低截割能量的消耗，应适当降低滚筒的转速，增大切削厚度。

此外，滚筒的转速还要与采煤机的牵引速度相适应。在条件允许采用较高的牵引速度的情况下（如煤质较软、煤层较薄或运输系统的运输能力大等），滚筒转速应相应增大；相反，在牵引速度较低的情况下，则应采取较低的滚筒转速。因此，在确定滚筒转速时，以切削厚度不超出截齿伸出齿座的径向长度为原则（一般认为以不超过截齿伸出齿座长度的70%为宜）。

若从装煤角度来分析滚筒转速，则滚筒的装煤生产率应大于落煤生产率，这样才能避免滚筒不被煤堵塞，使采出的煤顺利输送。另外，在确定滚筒转速时，还必须考虑截齿的截割速度，即截齿齿尖的切向速度。在滚筒转速一定的情况下，滚筒直径越大，其截割速度也越大。根据实际使用经验，截割速度不宜超过 5 m/s，因为截割速度过高，产生的煤尘很多，截割能量消耗很大。

4. 截齿

截齿装在螺旋滚筒上，是采煤机截煤的刀具。

(1) 截齿的基本要求

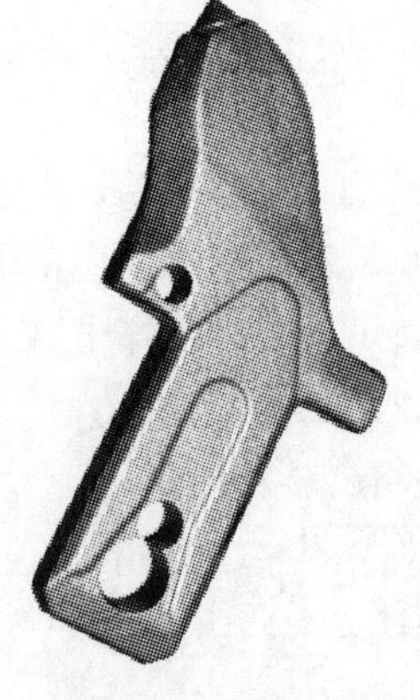

图 1-8 扁形截齿

① 耐磨性要好。截割含坚硬夹杂物的煤层所用的截齿应有较高的强度。

② 截齿的几何形状要能适应不同的煤质和截割条件，截割比能耗要低。

③ 装拆截齿要简便迅速，安装固定可靠，以免截齿丢失。

④ 截齿及其固定装置的结构应尽量简单，以利制造和维护。

(2) 截齿结构类型

① 扁形截齿（如图 1-8 所示）：扁形截齿是沿滚筒半径方向安装的，因而又称径向截齿。扁形截齿适用于截割各种硬度的煤，包括截割坚硬煤和黏性煤。

扁形截齿的固定方式如图 1-9 所示，在图 1-9 (a) 中，销钉和橡胶套装在齿座侧孔内，装入截齿时靠刀体下端斜面将销钉压回，对位后销钉被橡胶套弹回至刀体窝内而将截齿固定；图 1-9 (b) 中，销钉和橡胶套装在刀体孔中，装入时，销钉沿斜面压入齿座孔中而实现固定；图 1-9 (c) 中，销钉和橡胶套装在齿座中，用卡环挡住销钉并防止橡胶套转动，装入时，刀体斜面将销钉压回，靠销钉卡住刀体上的缺口而实现固定。

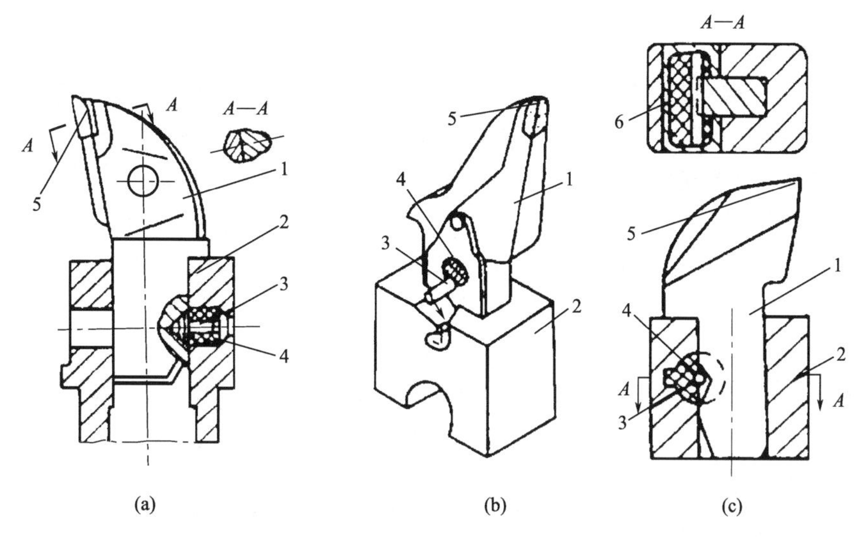

图 1-9　扁形截齿及其固定

1—刀体；2—齿座；3—销钉；4—橡胶套；5—硬质合金头；6—卡环

② 镐形截齿（如图 1-10 所示）：镐形截齿刀柄的安装方向接近滚筒的切线，故又称为切向截齿。镐形截齿一般在脆性煤和节理发达的煤中具有较好的截割性能。

图 1-10　镐形截齿

镐形截齿的固定方式如图 1-11 所示，它的下部为圆柱形，上部为圆锥形。将截齿插入齿座后，只要在尾部环槽内装入弹簧圈即可固定。

（3）截齿在滚筒上的配置

截齿在螺旋滚筒叶片上的配置直接影响工作机构截割性能，其配置的基本要求是：截割块煤多，产生的煤尘要少，截割能耗小，截割阻力和牵引阻力要比较均衡地作用在滚筒上，所受载荷变动

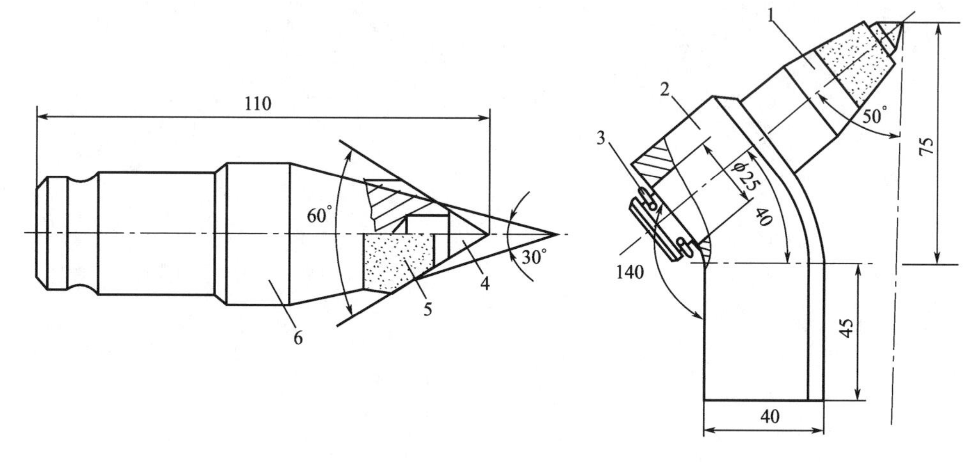

图 1-11　镐形截齿及其固定

1—镐型截齿；2—齿座；3—弹簧圈；4—硬质合金头；5—碳化钨合金层；6—齿身

小，机器运行稳定。

（4）截齿伸出长度

截齿在齿座上的伸出长度必须符合截割实际工况，以防止齿座与煤体接触而发生齿座磨损和挤煤，增大截割阻力。因此，截齿径向伸出长度应大于截煤时的最大煤屑厚度。

（5）截齿的失效形式及寿命

截齿失效形式为刀头脱落、崩刀和刀头、刀体磨损，弯曲、掉合金层、折弯等，在某些工况条件下也经常因为刀体折断造成截齿的失效，其中主要是磨损，磨损失效占比最为80%～90%。

截齿磨损程度主要取决于煤层的硬度及其腐蚀性，磨损后截齿端与煤的接触面积增大，截割阻力急剧上升。一般规定截齿齿尖的硬质合金磨去1.5～3mm或与煤的接触面积大于1cm^{2}时应及时更换。其他失效形式出现时，也必须及时更换。

（6）截齿材料

在复杂工况条件下工作的截齿，切割煤岩时会承受高的周期性压应力、切应力和冲击负荷，切割煤岩时由于摩擦、冲击还会造成截齿温度升高，因此，就要求其刀体既要耐磨又应具有较好的耐冲击性能。截齿刀体一般采用低合金结构钢制造。

截齿刀体的材料一般为40Cr，35CrMnSi，35SiMnV等合金钢，经调质处理后获得足够的强度和韧性。

（二）摇臂减速箱

摇臂减速箱的作用是将动力传递到截割滚筒，同时将电机的高速旋转经过多级齿轮传动

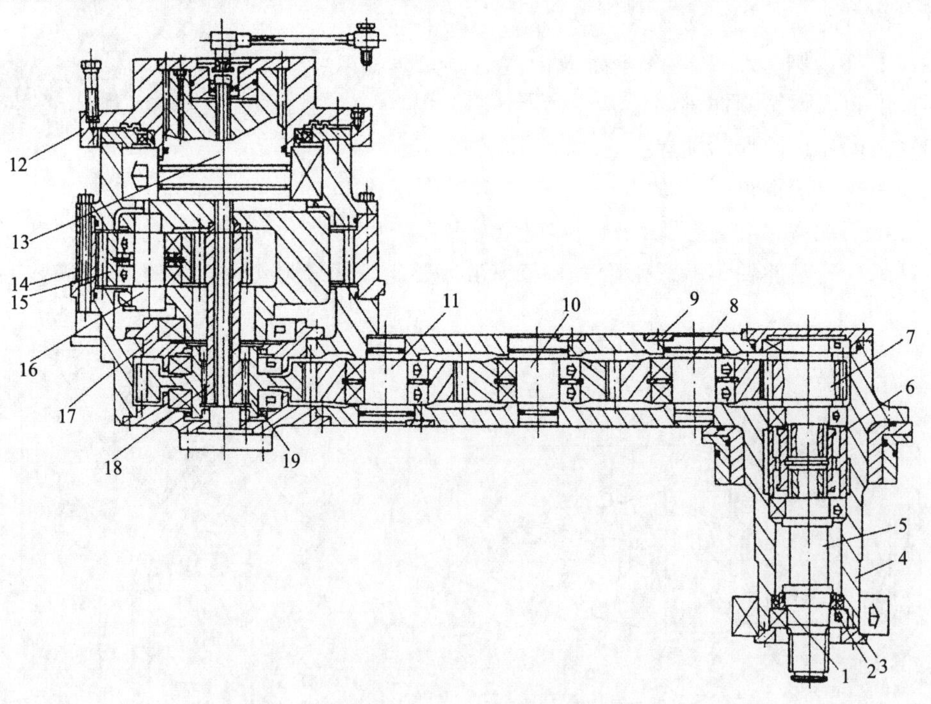

图1-12 摇臂减速箱

1—O形密封圈；2—密封套；3—骨架式密封圈；4—箱体；
5—三轴；6—齿轮联轴器；7—四轴；8—五轴；9—压板；10—六轴；11—七轴；12—联结盘；
13—滚筒轴；14—内齿圈；15—行星轮；16—行星轮轴；17—轴承杯；18—中心齿轮轴；19—齿轮

降速。摇臂减速箱结构及摇臂传动系统分别如图 1-12 和图 1-13 所示。

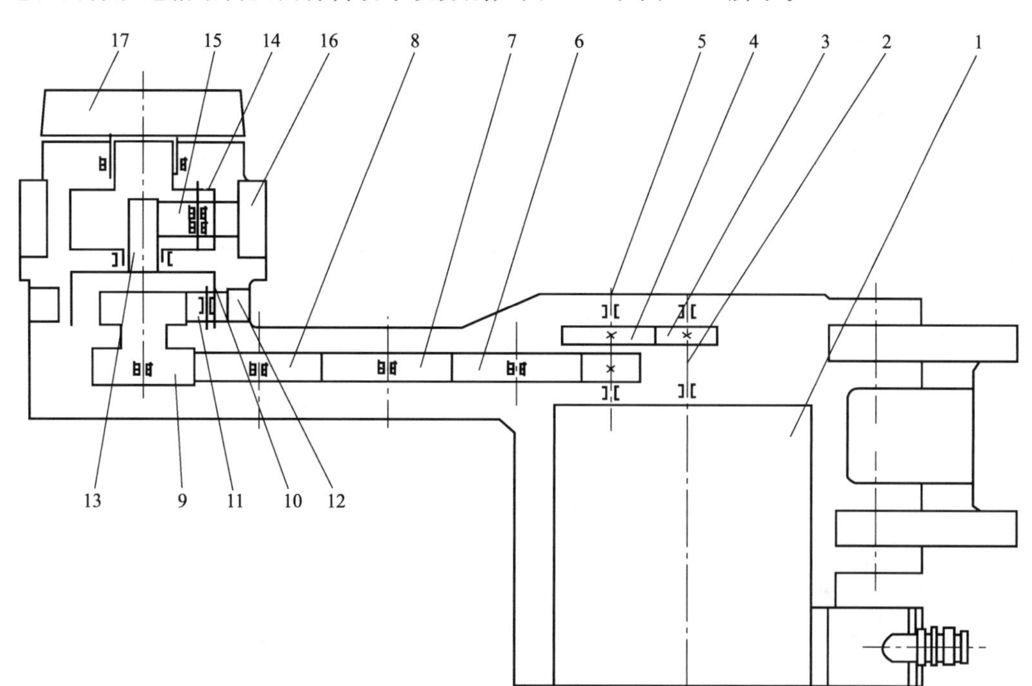

图 1-13　摇臂传动系统

1—电机；2—第一传动轴；3，4—变速齿轮；5—第二传动轴；6，7，8—惰轮；9—太阳轮；10——级行星轮架；11——级行星轮；12—内齿轮；13—轴齿轮；14—二级行星轮架；15—行星齿轮；16—内齿轮；17—滚筒座

（三）采煤机截割部的特点

① 截割部采用机械传动。采煤机电动机的转速为 1470r/min 左右，滚筒的转速根据不同的直径一般为 50～100r/min。为了达到减速的目的，截割部减速箱一般由 3～5 级减速齿轮组成，由于滚筒的轴线与电动机的轴线相垂直，因而在截割部减速箱里都采用一对圆锥齿轮传动。

② 滚筒的截割速度（截齿刀尖的圆周切向速度）一般为 4～5m/s，因而采用不同直径的滚筒时，其转速应相应地改变，故在截割部减速箱中一般都有一对可更换的快速齿轮。通过改变齿轮的齿数，可以改变滚筒的转速。

③ 在电动机和滚筒之间的传动装置中都有一离合器。采煤机调动或检修，或试验牵引部时需打开离合器，使滚筒停止转动。此外，为了人员安全，当采煤机停止工作时，也需要将滚筒与电动机断开。

④ 为了使采煤机自开缺口，截割滚筒一般都伸出机身（或底托架）长度以外一定的距离，多数采煤机采用摇臂的形式。

⑤ 为了适应煤层厚度和煤层的起伏变化，截割滚筒的高度都是可调整的。大多数采煤机采用摇臂调高的形式，少数采用底托架调高的形式。摇臂调高和底托架调高均采用液压驱动。

⑥ 采煤机工作过程中，挡煤板均在滚筒的后面，因而当采煤机改变牵引方向时，挡煤板需从滚筒的一边换到另一边。挡煤板翻转装置可采用液压缸或液压马达驱动，也有的不用专门的驱动装置，而利用滚筒转动挡煤板。

⑦ 为了实现截割部滚筒高度的调整和挡煤板的翻转，采煤机都有一套单独的辅助液压系统。辅助液压泵有的装在截割部减速箱内，有的装在单独的辅助液压箱内，也有的装在牵引部内。

二、采煤机截割部维护

（一）采煤机截割部日常维护

采煤机截割部定期检查是采煤机日常维护工作的主要内容，维护主要有“四检”和“三修”，“四检”包括班检、日检、周检、月检，即“四检”制的强制检查、检修。“三修”包括小修、中修和大修。通过此“四检”、“三修”制度，可以及时发现故障，保证采煤机始终处于完好状态，安全运行。

“四检”制具体包括：

1. 班检

班检由当班司机负责进行，检查时间不少于30min。检查内容为：

① 检查截割部表面外观卫生情况，保持截割部清洁，无影响机器散热、运行的杂物；

② 检查各个油位，保持正确显示；

③ 检查各部连接件是否齐全、紧固，检查各个部位是否漏油，在运行卡中记录，对漏油和渗油进行处理；

④ 更换、补充损坏和缺少的截齿，检查齿座的损坏情况，齿座应齐全完整、无开焊变形，截齿锋利不短缺，并记录电缆破坏情况；

⑤ 检查截割部的离合器手柄、操作是否灵活、可靠；

⑥ 检查螺栓、螺钉、端盖和盖板是否松动；

⑦ 倾听各部动转声音是否正常，发现异常要查清原因并处理好。

2. 日检

日检由维修班长负责，有关维修工和司机参加，检查处理时间不少于4h。检查内容为：

① 进行班检各项检查内容，处理班检解决不了的问题；

② 按润滑图表和卡片要求，检查、调整各腔室油量，对有关润滑点补充相应的润滑油脂；

③ 检查处理各渗漏部位；

④ 检查供水系统零、部件是否齐全，有无泄漏、堵塞，发现问题及时处理好；

⑤ 检查滚筒端盘、叶片有无开裂、严重磨损及齿座短缺、损坏等现象，发现有较严重问题时应考虑更换；

⑥ 检查电气保护整定情况，搞好电气试验（与电工配合）；

⑦ 检查电动机与各传动部位温度情况，如发现温度过高，要及时查清原因并处理好。

3. 周检

周检由综采机电队长负责，机电技术员及日检人员参加，检查处理时间不小于6h。检查内容为：

① 进行日检各项检查内容，处理日检难以处理的问题；

② 检查各部油位、油质情况，必要时进行油质化验；

③ 检查滚筒附件和紧固螺钉的工作可靠性。

4. 月检

月检由机电副矿长或机电总工程师组织机电科和周检人员参加，检查处理时间同周检或稍长一些时间。检查内容为：

① 进行周检各项内容，处理周检难以解决的问题；

② 检查滚筒轴承运转情况，检查连接螺栓是否齐全牢固，记录滚筒开裂与磨损情况；

③ 处理漏油并取油样观察，按油脂管理细则规定取样化验和进行外观检查，按规定更换或清洗油池。

“三修”制具体包括：

1. 小修

小修是在工作运行期间，维持采煤机截割部的正常运转和完好。主要包括更换个别小零件和注油。其检修周期为一个月。

2. 中修

中修是在完成一个工作面以后，整机上井定期检查和调试。对截割部进行解体清洗、检验、换油，根据磨损情况更换密封圈和零件；截割滚筒的局部整形和齿座修复。中修周期一般为4～6个月。

3. 大修

采煤机运行两三年后，产煤80万～100万吨以后，如果其主要部位磨损超限，整机性能普遍下降，并且具有修复价值和条件的，可以进行以恢复其主要性能为目的的整机大修，大修除要完成中修任务外，还要完成以下的任务：截割部的机壳、端盖、轴承杯、轴的修复或更换；摇臂的机壳、轴承座、行星架的修复或更换；截割滚筒的整形及配合面的修复；冷却喷雾系统的修复。大修周期一般为两三年。

（二）采煤机截割部日常维护要求

采煤机截割部检修维护时应遵守如下的规定。

① 坚持“四检”、“三修”制，不准将检修时间挪做生产或他用。

② 严格执行对采煤机的有关规定。

③ 充分利用检修时间，合理安排人员，认真完成检修计划。

④ 检修标准按原煤炭部1987年颁发的《煤矿机电设备完好标准》执行。

⑤ 未经批准严禁在井下打开牵引部机盖。必须在井下打开牵引部机盖时，需由矿机电部门提出申请，经矿机电领导批准后实施。开盖前，要彻底清理采煤机上盖的煤矸等杂物，清理四周环境并洒水降尘，然后在施工部位上方吊挂四周封闭的工作帐篷，检修人员在帐篷内施工。

⑥ 检修时，检修班长或施工组长（或其他施工负责人）要先检查施工地点、工作条件和安全情况，再把采煤机各开关、手把置于停止或断开的位置，并打开隔离开关（含磁力启动器中的隔离开关），闭锁工作面输送机。

⑦ 注油清洗要按油质管理细则执行，注油口设在上盖上，注油前要先清理干净所有碎杂物，注油后要清除油迹，并加密封胶，然后紧固好。

⑧ 检修结束后，按操作规程进行空运转，试验合格后再停机、断电、结束检修工作。

⑨ 检查螺纹连接件时，必须注意防松螺母的特性，不符合使用条件及失效的应予更换。

⑩ 在检查和施工过程中，应做好采煤机的防滑工作。注意观察周围环境变化情况，确保安全施工。

三、采煤机截割部的故障分析与处理

（一）故障分析方法

采煤机使用一段时间后，就会出现一些故障，及时发现、排除故障可以节约时间，提高生产效率。实践证明、判断故障需集中精力、采取听、看、摸、量的科学方式来综合分析。

① 听取当班司机介绍故障前后运行状态和故障出现时的症状，必要时可开动机器听采煤机运转声响来判断故障的部位和原因；

② 看采煤机运转时液压系统高、低压表压力的变化情况，就能看出液压系统是否工作正常、故障点的隐藏部位及元件的完好程度；

③ 用手摸可能发生故障疑点的外壳、发热部位，根据温度变化情况和运转震动性来判断损坏程度，还可用手摸液压系统接头密封处有无泄漏现象；

④ 主要是通过仪表测量电气部分绝缘电阻值、电压、电流及短路现象，在液压系统中，测量压力、温度。在工作场合能测量主泵和马达的漏损回油情况，测量它们泄漏有无超量。在装配过程中，测量它们的装配几何尺寸是否合适。

根据以上听、看、摸、量取得的材料进行综合分析就能准确地找出故障部位和原因。

（二）判断故障的顺序

为快速查找到故障点，除必须了解故障现象的发生过程，还应掌握合理的判断顺序。即：应采取先部件、后元件，先外部、后内部的原则，缩小查找范围。确定部件后，再根据故障的现象和前面所述的科学判断程序查找到具体元件及故障点。

（三）处理采煤机故障的一般步骤

① 了解故障的现象和发生过程。

② 分析引起故障的原因。

③ 做好排除故障的准备工作。

在排除故障之前要把工具、备件和材料特别是专用工具准备齐全，同时把机器周围卫生清理干净，在井下打开液压牵引箱盖板时，必须先在牵引箱上方用专制的篷布或塑料布挡好，以防杂物煤矸石掉入油池中。污染油质和影响液压系统的正常工作。

④ 判断故障要准确。

在查找故障原因时，正确判断是一项十分重要而复杂的工作。每个人的思维能力不同，有些故障很直观，但在没有十分的把握时，可按照以上听、看、摸、量及先简单后复杂，先外部后内部的原则来分析处理。必须细致判断才能达到满意的效果。

⑤ 处理故障要彻底。

故障找准后处理要彻底，拆装要细心、不留后患，不能处理了老故障又出现新故障。

⑥ 更换的液压件要合格。

更换液压件时一定要事先检查，确认合格后才能使用，否则既浪费了时间又影响生产，在这一点上要特别注意。

（四）在井下修理采煤机注意的事项

为了使修理工作准确、及时、顺利、安全地进行，在井下修理采煤机时必须注意以下几点。

① 在修理前，做好充分的准备工作。工具、配件、材料要准备齐全。

② 在排除故障前，必须将机器周围煤矸清理干净，并检查机器周围顶板支护的防护措施，以确保安全工作。

③ 更换的备件要规格型号相符，最好用全新的备件，必须通过鉴定符合要求。否则会使应该排除了的故障得不到排除，造成错觉而怀疑其他原因，以致事故范围扩大，拖延故障处理时间。

④ 在处理液压故障、清洗液压元件时，绝不可用棉纱类物擦洗以免埋下隐患。

⑤ 在拆卸过程中，记清相对位置和拆卸顺序，必要时将拆下的零部件做好标记，以免在安装过程中安错，拖延处理故障时间。

⑥ 处理完故障后，一定要清理现场和清点工具，清理机器内的杂物，然后盖好盖板，注入新的油液，并进行试运转，调试完毕正常工作后，检修人员方可离开现场。

（五）采煤机截割部常见故障分析与处理

采煤机截割部常见故障分析与处理见表 1-4。

表 1-4 采煤机截割部常见故障分析与处理

故障现象	可能故障原因	排除方法
滚筒上齿座开焊或螺旋叶片撕裂	(1)截割过负荷； (2)在滚筒附近违章爆破作业	(1)根据煤层情况正确选择牵引速度； (2)禁止违章爆破作业。损坏后更换滚筒
开车摇臂立即升起或下降	控制系统失灵 (1)控制按钮失灵； (2)控制阀卡住； (3)操作手把松脱	(1)更换； (2)更换； (3)紧固或更换
摇臂升不起，升起后自动下降或升起后受力下降	油路密封不严 (1)液压锁失灵； (2)油缸串油； (3)管路漏油； (4)安全阀整定值过低	(1)更换； (2)更换； (3)拧紧或更换； (4)重调至要求
液压油箱和摇臂温度过高	(1)轴承副研损； (2)齿轮副擦伤、胶合； (3)油质低劣； (4)油泵运转蹩劲； (5)冷却效果不好	(1)更换； (2)更换； (3)更换合格油； (4)更换； (5)加强合适的通水压力和流量
摇臂蠕动	(1)液压缸或负载锁定阀内部泄漏； (2)控制阀未返回中位	(1)更换活塞密封，如液压缸壁划伤，更换液压缸或更换阀； (2)检查修理
离合器手把蹩劲	离合器变形，卡住	更换或修复

分任务三 采煤机牵引部的维护

掌握采煤机牵引部的维护方法。

能力目标

① 能说出采煤机牵引部的组成部分；

② 能说出采煤机牵引部的常见故障并能分析排除；

③ 能说出采煤机牵引部维护内容。

相关知识链接

一、采煤机牵引部组成及基本工作要求

（一）采煤机牵引部组成

采煤机牵引部由传动装置和牵引机构两大部分组成。传动装置的功能是进行能量转换，即将电动机的电能转换成传动主链轮或驱动轮的机械能。牵引机构是协助采煤机沿工作面行走的装置。根据传动装置的安装位置不同又分为内牵引和外牵引，传动装置安装于采煤机本身为内牵引，安装在采煤机工作面两侧为外牵引，现在绝大部分采煤机为内牵引。

（二）采煤机牵引部工作要求

采煤机的牵引部是牵引采煤机运动的部件，它牵引采煤机工作时在工作面上来回移动，以及非工作时的位置调动，而且牵引速度的大小直接影响工作机构的效率和质量，并对整机的生产能力和工作性能产生很大影响。因此对采煤机牵引部有以下工作要求。

1. 有足够大的牵引力

随着工作面生产能力的提高以及在困难条件下截割煤，采煤机必须具有很大的牵引力。

2. 总传动比大

因为采煤机牵引速度一般为0～10m/min，为了实现较低的牵引速度，牵引部的总传动比要求很大，其值超过150～200，有的甚至超过300。

3. 能在工作过程中实现无级调速

由于煤质变化和煤层含有夹矸、硫化铁等坚硬夹杂物，采煤机外荷载不断地变化，要求牵引速度随着荷载的变化而变化。在电牵引采煤机中通过控制牵引电机的转速来实现牵引速度的变化，因此电动机的负荷变化剧烈。为了避免电动机过度超载或欠载，充分发挥采煤机的效能，需要随时调节牵引速度，使采煤机电动机的负载在其额定值附近的小范围内波动。

4. 可正反牵引和停止牵引，不受滚筒转向的影响

电牵引采煤机采用多台电机控制，截割电机与牵引电机是分开的，采煤机在各种工况下的牵引方向是变化的，所以它不受滚筒转向的制约。

5. 应有可靠完善的自动调速系统和完善的保护装置

电牵引采煤机根据牵引电动机负荷、牵引力大小来实现自动调速及过载保护。另外还设有油温、油质保护和防止机器下滑的保护措施。新一代的采煤机，还应设有自动监测和故障诊断系统，从而保证采煤机的安全运行。

6. 具有足够的强度和可靠性

由于牵引部输出轴转速低、受力大，故必须具有足够的强度和可靠性。

7. 操作方便

牵引部应有手动操作、离机操作、远程操作等装置，并尽量做到集中控制。

二、采煤机牵引部的牵引方式

采煤机牵引部的牵引方式有：钢丝绳牵引、锚链牵引和无链牵引采煤机。钢丝绳牵引的采煤机牵引力小，磨损严重，容易发生断绳事故，对工作人员和设备的安全会造成严重威胁，且断裂后不易重新连接。采用这种行走机构的采煤机运行很不稳定，载荷脉动大，故这种行走机构已被淘汰。

（一）锚链牵引

锚链牵引借助牵引部分的链轮与固定在运输机上的锚链啮合而实现。锚链牵引的工作原理如图 1-14 所示，牵引锚链 3 通过啮合绕过主动链轮 1 和导向链轮 2，两端分别固定在工作面刮板输送机上、下机头的拉紧装置 4 上。当牵引部的主动链轮 1 转动时，通过牵引锚链与主动链轮啮合驱动采煤机沿工作面移动。拉紧装置的作用是使牵引链具有一定的初始拉紧力，以便顺利地吐链。当主动链轮顺时针方向转动时，牵引锚链从左边绕入，此时主动链轮左边锚链被拉紧是紧边，其拉力为 P_1，右边为松边，其拉力为 P_2，作用于采煤机的牵引力为

$$P=P_1-P_2$$

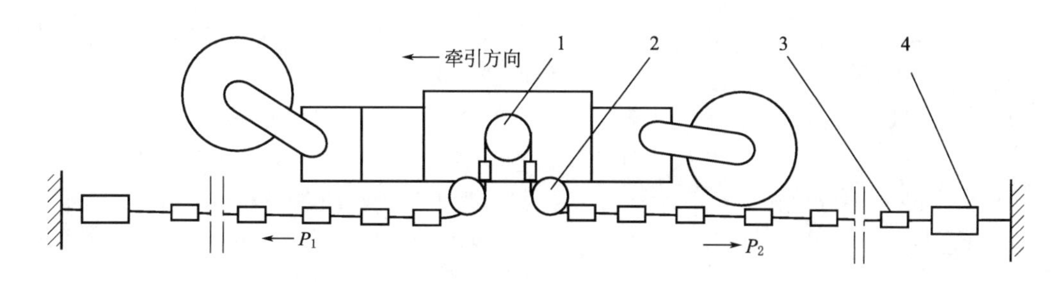

图 1-14　锚链牵引

1—主动链轮；2—导向链轮；3—牵引锚链；4—拉紧装置

采煤机在这个力作用下，克服阻力向左移动，反之，当主动链轮逆时针方向转动时，采煤机向右移动。

1. 牵引锚链及其接头

采煤机牵引锚链采用高强度矿用圆环链，结构如图 1-15 所示，它是用 23MnCrNiMo 优质钢棒料压弯成型后焊接而成。采煤机常用的牵引锚链为 ϕ22mm×86mm 圆环链。矿用圆环链的规格和机械性能见表 1-5。

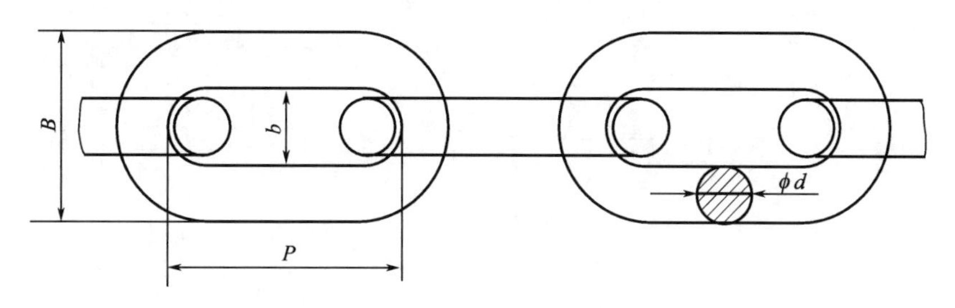

图 1-15　圆环链

表 1-5　圆环链的规格和机械性能（采制 GB/T 12718—2009）

圆环链规格 $\phi d\times P$/(mm×mm)	链环宽度/mm		每米质量/(kg/m)	B级		C级		D级	
	最小内宽 b	最大外宽 B		试验负荷/kN	破断负荷（最小值）/kN	试验负荷/kN	破断负荷（最小值）/kN	试验负荷/kN	破断负荷（最小值）/kN
10×40	12	34	1.9	85	110	100	130	130	160
14×50	17	48	4.0	150	190	200	250	250	310
18×64	21	60	6.6	260	320	330	410	410	510
22×86	26	74	9.5	380	480	490	610	610	760
24×86	28	79	11.6	460	570	580	720	720	900
26×92	30	86	13.7	540	670	680	850	850	1060
30×108	34	98	18.0	710	890	900	1130	1130	1410

为了制造和运输方便，圆环链作成适当长度的链段，使用时再用链接头接成所需要的长度，如图 1-16 所示链接头由两个半圆环 1 侧向扣合而成，用限位块 2 横向推入并卡紧，再用弹性销 3 紧固。

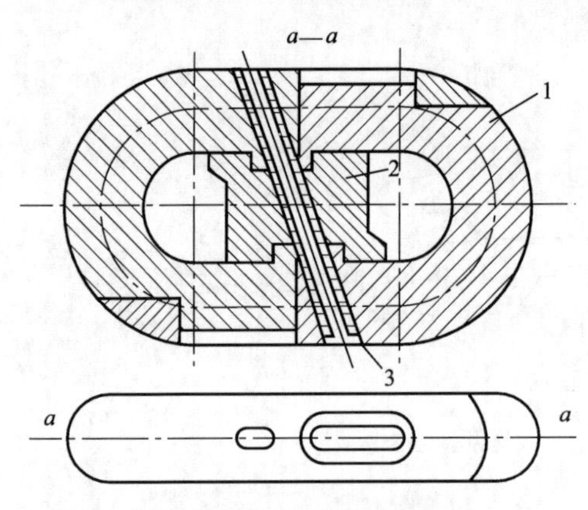

图 1-16　侧卸式圆环链接头

1—半圆环；2—限位块；3—弹性销

对链接头的基本要求是：外形尺寸与链环相差不多，但强度不得低于链环，装拆要方便，运行过程中不会自动脱开。

链接头的种类：侧卸式链接头（目前国内用得较多）、马蹄凸缘式链接头、锯齿式链接头、插销式链接头、卡块式链接头（图 1-17）。

2. 链轮

矿用圆环链轮如图 1-18 所示，圆环链缠绕到链轮上后，各中心点的连线在节圆（平环链棒料中心所在的圆，称为节圆）内构成了一个内接多边形。若链轮齿数为 Z，则内接多边形边数为 $2Z$，边长分别是（$t+d$）和（$t-d$）。

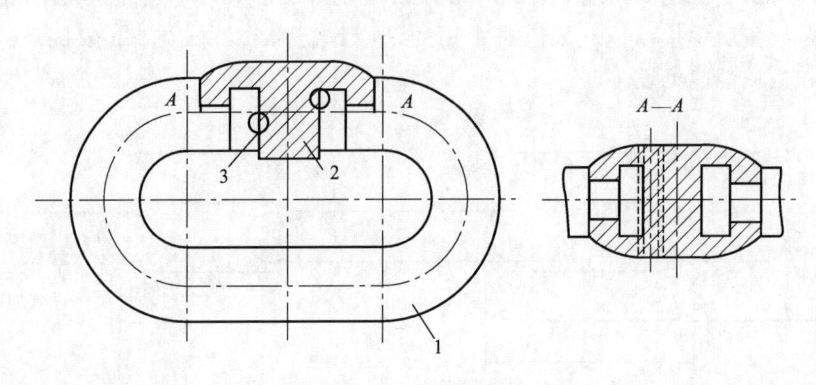

图 1-17　卡块式链接头

1—开口链环；2—卡块；3—弹性销

因此链轮转动一周，绕入的圆环链长度为：

$$Z(t+d)+Z(t-d)=2Zt$$

链牵引采煤机的平均牵引速度为：

$$V_q=\frac{2Ztn}{1000}$$

式中　V_q——牵引速度，m/min；

Z——链轮齿数；

t——圆环链节距，mm；

n——链轮转速，r/min。

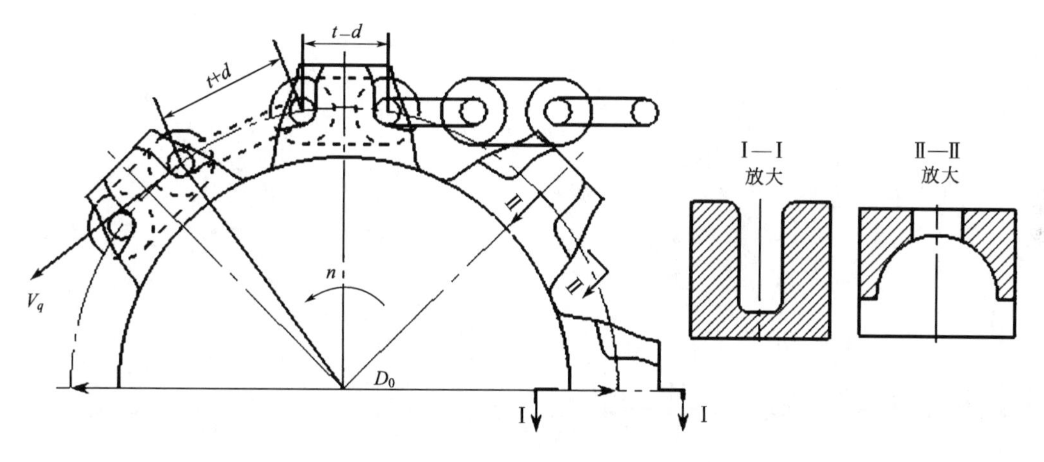

图 1-18　链轮结构

3. **液压拉紧装置**

牵引锚链通过液压拉紧装置固定在输送机两端，拉紧装置产生的初始拉力可以使锚链拉紧，并可缓和因紧边锚链过渡到松边时弹性收缩而增大紧边的张力。

液压拉紧装置[如图 1-19(a)所示]利用乳化液泵站作为液压动力源，将高压液经截止阀 4、减压阀 5、单向阀 6 后进入紧链缸 3，使连接在活塞杆端的导向链轮 2 伸出而张紧牵引锚链，其预紧力为活塞推力的一半。将紧边液压缸活塞全部收缩，松边液压缸使牵引锚链达到预紧力[如图 1-19(b)所示]。紧边因拉力大而有很大的弹性伸长量，随着采煤机向左移动，紧边的弹性伸长量逐渐转向松边，使松边拉力大于预紧力，一旦拉力大到使液压缸内的压力超过安全阀 7 的调定压力，安全阀打开，可以使松边锚链保持恒定的初拉力 P_0，即：

$$P_0=\frac{1}{2}P\times\frac{\pi}{4}D^2$$

式中 P 为安全阀调定压力，D 为液压缸直径。

液压拉紧装置的优点是非工作边能保持恒定的张力，其预紧力的大小由减压阀的调定值所决定。在工作过程中非工作边的张力大小由安全阀的调定值来决定。而紧边拉力($P_1=P_0+P$)也能维持较稳定的数值。

锚链牵引具有如下特点。

① 强度高，承载能力大，能满足采煤机增大牵引力和提高牵引速度的要求。

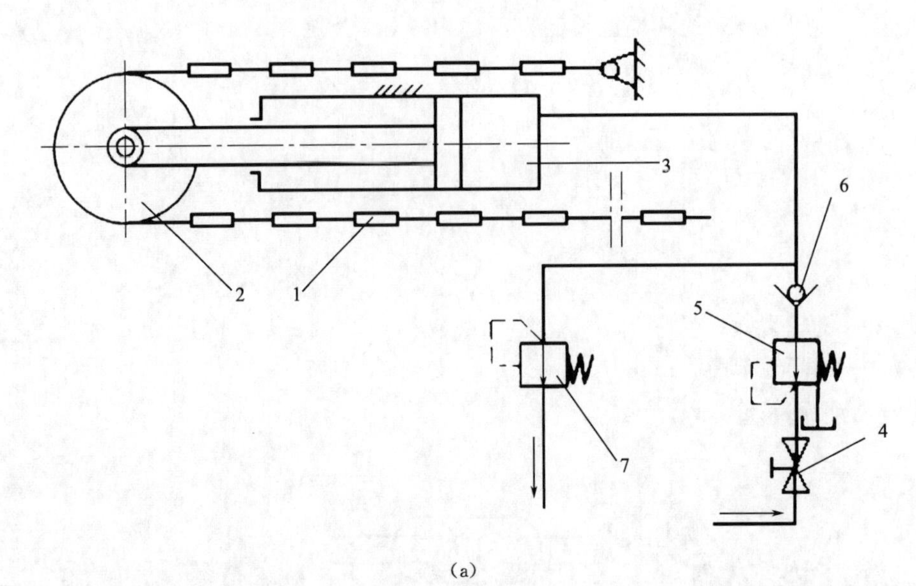

(a)

1—牵引锚链；2—导向链轮；3—紧链缸；4—截止阀；5—减压阀；6—单向阀；7—安全阀

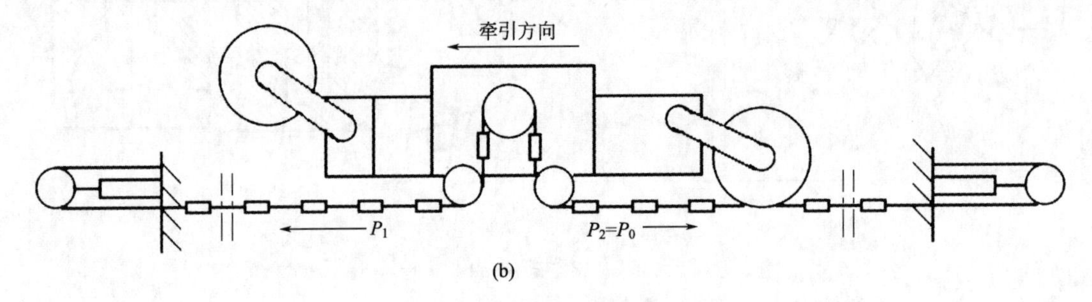

(b)

图 1-19 液压拉紧装置

② 锚链牵引是依靠链轮齿与链环相啮合，工作较可靠。

③ 锚链使用寿命长，一般可用 6 个月以上。断链时弹性小，不易伤人，断链后用连接环连接，十分方便。

④ 锚链的节距较大，当链轮作等速运动时，锚链相对链轮的移动是周期性变化的，因此容易产生动载荷。

（二）无链牵引

随着采煤机向强力化，重型化及大倾角发展，其电动机功率已增大到 750～1000kW，牵引力已达到 400～600kN。对于这样大的牵引力，目前使用的圆环链强度已不能满足需要，而且牵引锚链一旦断裂，其储存的弹性能被释放，将严重危及人身安全。为此，取消了固定在工作面两端的牵引链，而采用了无链牵引机构。

无锚链牵引借助齿轮与固定在运输机上的齿条啮合实现，具有较好的防滑性能。目前常用的无链牵引机构主要有以下几种类型。

1. 齿轮销轨型

齿轮销轨式无链牵引机构如图 1-20 所示，它是通过采煤机牵引部驱动齿轮经中间齿轨轮与铺设在输送机溜槽上的圆柱销排式齿轨相啮合使采煤机移动的。驱动轮的齿形为圆弧曲线，中间齿轨轮的齿形为摆线。销轨由圆柱销与两侧厚钢板焊成节段，每节销轨长度是输送机中部槽长度的一半，销轨接口与溜槽接口相互错开。当相邻溜槽的偏转角为 α 时，相邻齿轨的偏转角只有 $\alpha/2$，从而确保齿轮和销轨的啮合。这种销轨结构简单，传动性较好，在我国使用比较广泛。

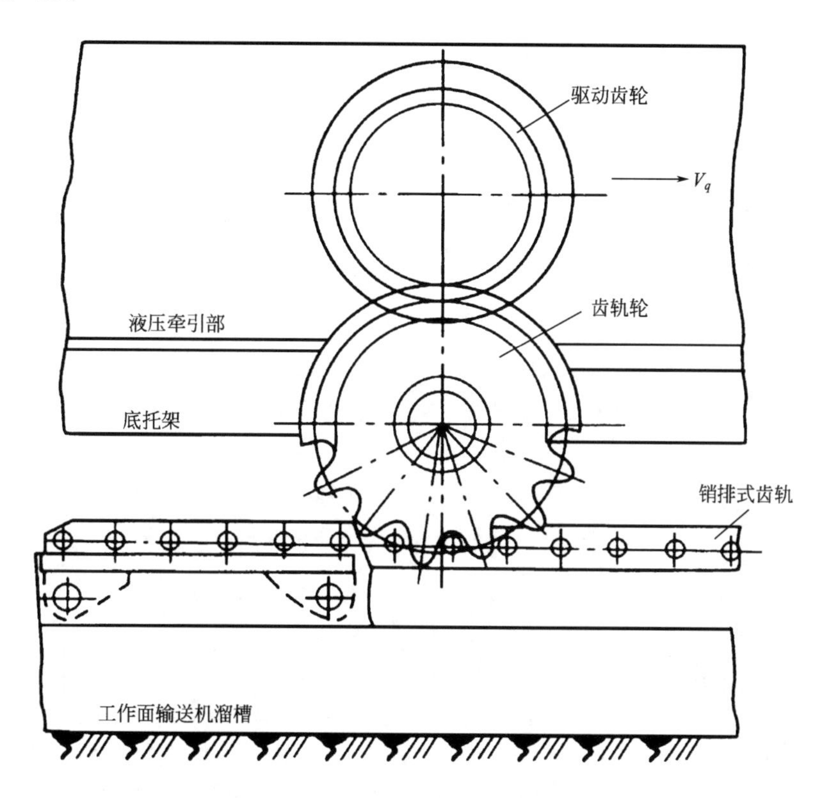

图 1-20　齿轮销轨式无链牵引机构

2. 销轮齿条型（滚轮-齿轨型）

销轮齿条型（滚轮-齿轨型）无链牵引采煤机如图 1-21 所示。这种无链牵引采煤机由装在底托架内的两个牵引传动箱分别驱动两个销轮，销轮与固定在输送机挡煤板采空侧上的齿条式齿轨相啮合使采煤机移动。其齿轨分为长齿轨和短齿轨两种形式。长齿轨固定在输送机挡煤板上，随溜槽一起弯曲。短齿轨又称调节齿轨，装在两活节长齿轨之间。长齿轨两端各有一个椭圆形孔，短齿轨两端的销轴装在此孔中。这种结构形式既保证了中部溜槽弯曲的要求，又限制了齿轨的弯曲角度，有利于保证销轮与齿轨的啮合特性。这种无链牵引系统具有工作可靠、结构简单、易于制造和维修的特点，因而得到广泛应用。

3. 链轮链轨型

链轮链轨型无链牵引机构如图 1-22 所示，该机构是在工作面全长安装一条圆环链，圆环链不是固定在机头架和机尾架上，而是安装在沿工作面全长铺设的专门导链槽中。牵引机构采用不等直径和不等节距的圆环链 3 与链轮 2 相啮合。由于链轨可以圆滑弯曲，链环尺寸稳定，即使输送机溜槽的偏转较大，采煤机仍能平稳运行；在倾角大于 27°、倾角变化达 36°和过断层的条件下工作，其适应能力都很好。

无链牵引机构适用于低速、重载、多尘和无润滑的工作条件，维护比较方便，但传动件大都采用非共轭齿廓，即使牵引齿轮匀速转动，采煤机牵引速度仍会波动，但与链牵引机构相比，牵引速度的波动要小得多，从而大大改善了牵引的平稳性。

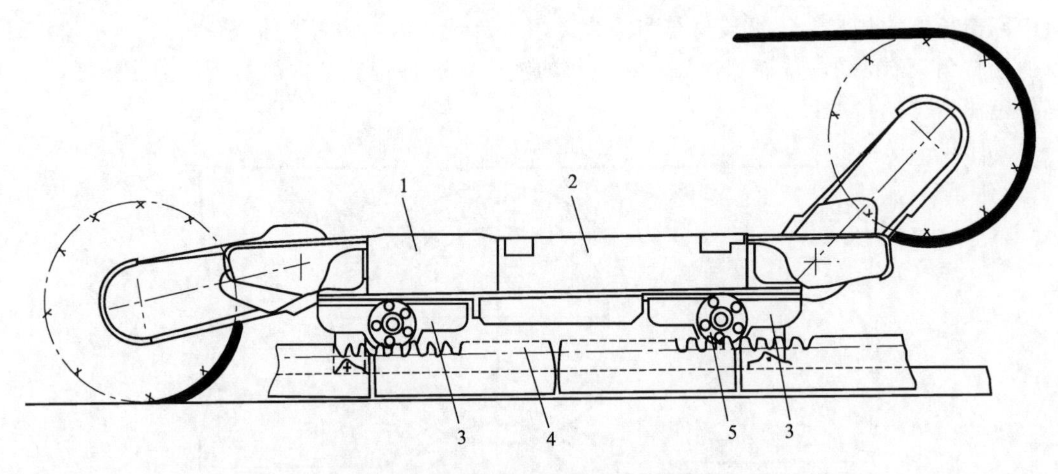

图 1-21 销轮齿条型无链牵引采煤机

1—电动机；2—牵引部泵箱；3—牵引部传动箱；4—齿条；5—销轮

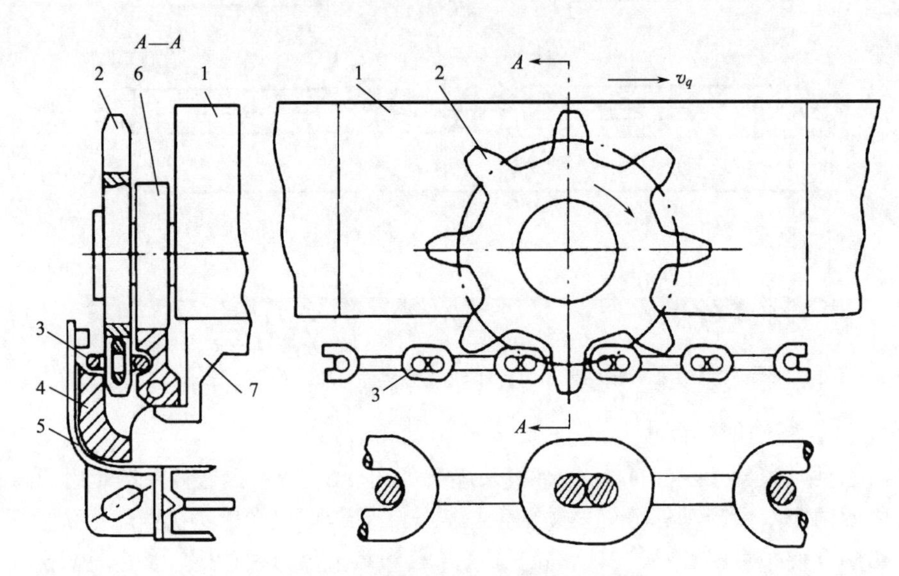

图 1-22 链轮链轨型无链牵引机构

1—牵引部传动装置；2—链轮；3—圆环链；

4—链轨架；5—挡板；6—导向滚轮；7—底托架

4. 复合齿轮齿条型

复合齿轮齿条型无链牵引机构如图 1-23 所示，复合齿轮齿条型的驱动轮和中间轮都是交错齿双齿轮，而齿条是交错齿双齿条，它们之间对应形成啮合使采煤机运行。这种机构齿部粗壮、强度高、寿命长，交错齿轮啮合运行平稳，齿轮端面互相靠紧，能起横向定位和导向作用。齿条间用螺栓连接，其下部由扣钩连接，以适应输送机垂直和水平偏转。

5. 无链牵引的优点及注意事项

无链牵引的主要优点是：

① 取消了工作面的牵引链，消除了断链和跳链伤人事故，工作安全可靠。

② 在同一工作面内可以同时使用两台或多台采煤机，从而可降低生产成本，提高工作

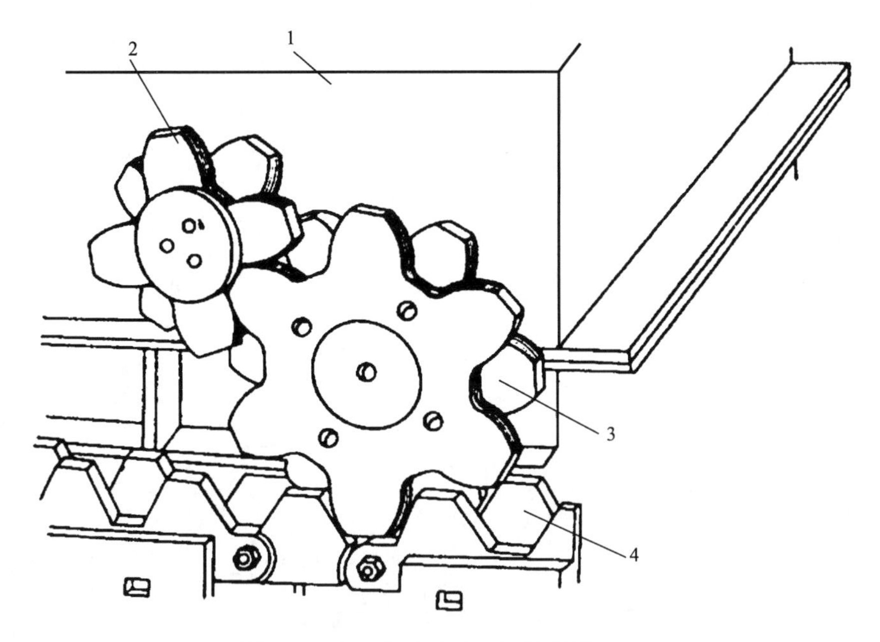

图 1-23　复合齿轮齿条型无链牵引机构

1—传动箱；2，3—复合齿轮；4—复合齿条

效率。

③ 牵引速度的脉动比链牵引小得多，使采煤机运行较平稳。链轨式虽然也是链条，但强度余量较大，弹性变形对牵引速度的影响较小。

④ 牵引力大，能适应大功率采煤机和高产高效的需要。

⑤ 取消了链牵引的张紧装置，使工作面切口缩短。对底板起伏、工作面弯曲、煤层不规则等的适应性增强。

⑥ 适应采煤机在大倾角（可达 54°）条件下工作，利用制动器还可使采煤机的防滑问题得到解决。

对无链牵引，还应注意以下问题。

① 必须加强输送机本身的结构，并在使用和管理中保持其有一定的平直度。

② 齿轮、齿轨或销轴，不仅在啮合传动中传递很大的力，而且还起支点的作用，磨损加快，因此，在材质和热处理方面要求较高，在结构上也要求能快速更换。

③ 为了适应采煤机在推移中水平和垂直方向的倾斜，仍能保证正确的啮合，在销轴座或齿轨之间的连接方式上要注意可调性，同时还要注意溜槽的连接强度。

④ 无链牵引机构使机道宽度增加了约 100mm，所以提高了对支架控顶能力的要求。

（三）牵引部传动装置的类型

牵引部传动装置的功用是将采煤机电动机的动力传到主动链轮或驱动轮并实现调速。采煤机按牵引控制方式可分为机械牵引、液压牵引和电牵引。各种牵引方式的动力源都是电动机，只是牵引调速方式的区别。

1. 机械牵引

机械牵引采煤机的牵引部由纯机械传动装置构成，特点是工作可靠，但只能实现有级调速，而且结构十分复杂，所以现在已很少使用了。

2. **液压牵引**

液压牵引采煤机的牵引部采用液压传动装置，可方便地实现无级调速，并且易于实现换向、停止、过载保护等，还可实现负载功率的自动调节，操作简单，因而现在获得了广泛的应用；但也有较大的缺点，即液压控制系统复杂，油液容易污染，致使零部件容易损坏，使用寿命短，而且由于存在电气液压转换，大大降低了传动效率。

液压牵引传动装置由泵、马达和阀等液压元件组成，将高压油液供给液压马达。从马达到链轮采用机械传动装置。其马达到链轮的传动方式通常有三种（如图 1-24 所示）。

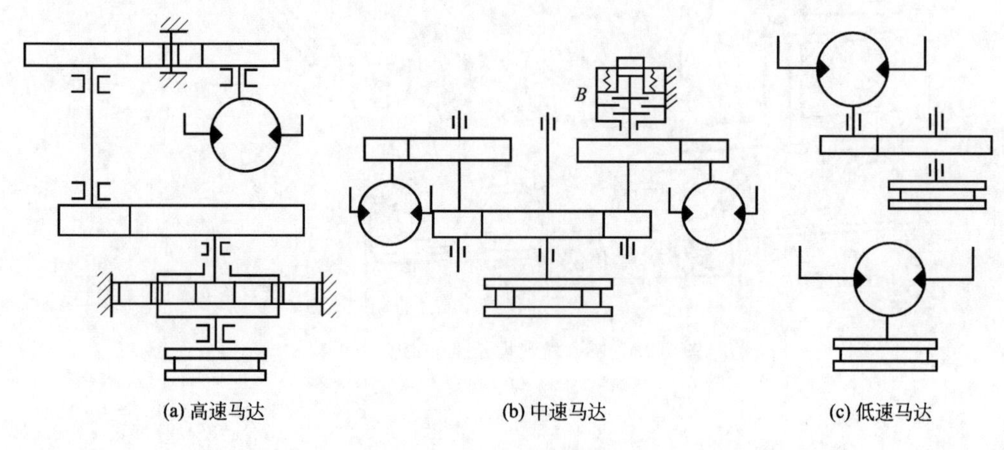

图 1-24 马达的传动方式

（1）高速马达

高速马达的转速一般为 1500～2000r/min，其结构形式往往与主泵相同，但马达是定量的。这种系统马达要经较大传动比的齿轮减速带动链轮，但传动易于布置，故使用较多。

（2）中速马达

中速马达常采用行星转子式摆线马达（如 AM-500 采煤机），其额定转速为 160～320 r/min。这种系统马达需经一定减速带动驱动滚轮。这种系统齿轮传动比不大，马达及减速装置尺寸较小，便于用在无链双牵引传动中，可以根据需要把传动装置装在底托架上。图中 B 为制动器，停机时靠弹簧力制动，防止机器下滑。

（3）低速马达

低速马达常采用径向多作用柱塞式马达，马达的输出轴转速一般为 0～40r/min。这种马达可经一级减速或直接带动主动链轮。这种系统机械传动装置较简单，但马达径向尺寸大，且存在回链敲缸问题。

3. **电牵引采煤机**

电牵引采煤机是目前最先进的采煤机，它以优良的性能和广泛的适用性，成为采煤机技术的主流。电牵引采煤机与液压牵引采煤机的总体结构和工作原理大致相同，主要区别在于：牵引方式的改变，引起牵引部结构的变化；截割部与牵引部分别由电动机驱动。目前使用的电牵引采煤机，按如下方式分类。

（1）按截割部驱动电动机数目分

① 纵向单电动机驱动型。主要用于开采薄煤层。

② 横向双电动机驱动型。大多数电牵引采煤机均为此型。

(2) 按牵引电动机的调速特性分

① 直流串励电牵引采煤机，如 LS 系列(美国)。

② 直流他励电牵引采煤机，如 EDW 系列(德国)、ELECTRA1000(英国)、MXB-800(中国) 等。

③ 直流复励电牵引采煤机，如 ELECTRA550(英国)。

④ 交流变频电牵引采煤机，如 DR102102(日本)、SL500(德国)、EL600(英国) 等。

电牵引是对专门驱动牵引部的电动机调速从而调节速度的牵引。电牵引采煤机（如图 1-25 所示）是将交流电输入可控硅整流、控制箱 1 控制直流电动机 2 调速，然后经齿轮减速装置 3 带动驱动轮 4 使机器移动的。两个滚筒 7 分别用交流电动机 5 经摇臂 6 来驱动。由于截割部交流电动机 5 的轴线与机身纵轴线垂直，所以截割部机械传动系统与液压牵引的采煤机不同，没有锥齿轮传动。这种截割部兼作摇臂的结构可使机器的长度缩短。摇臂调高系统的油泵由单独的交流电动机驱动。

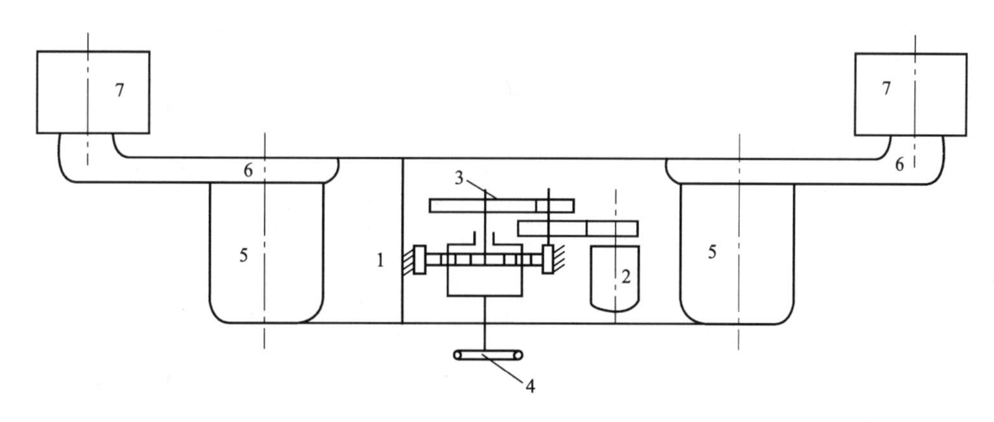

图 1-25　电牵引采煤机示意图

1—控制箱；2—直流电动机；3—齿轮减速装置；4—驱动轮；5—交流电动机；6—摇臂；7—滚筒

电牵引采煤机的特点可归纳如下。

① 具有良好的牵引特性，可以对采煤机提供足够的牵引力，使机器克服阻力移动并能进行无级调速和恒功率调速，满足采煤机运行的任何速度要求。

② 实现四象限牵引，可用于倾角较大的工作面。牵引电动机轴端装有停机时防止采煤机下滑的制动器，其设计制动力矩为电动机额定转矩的 1.6～2.0 倍，也可以在机器下滑时进行电气制动，所以电牵引采煤机可用在 40°～50°倾角的煤层，而不需要其他防滑装置。

③ 采用可编程控制器和传感器，反应灵敏，可实现自动调节。可编程控制系统能将各种信号快速传递到相应的调节器中，及时调整各种参数，防止采煤机超载或其他有害情况的发生。例如，当截割部电动机过载时，控制系统能立即检测并发出相应的控制信号，降低牵引速度。当截割部电动机突然瞬间过载超过规定值时，控制系统能够立即发出换向指令，使采煤机自动后退，防止滚筒堵转而发生事故。使牵引更加平稳、安全。

④ 传动效率高。它直接采用电动机完成采煤机的牵引，省去了复杂的液压传动系统，具有很高的传动效率，效率可达 95%，而液压牵引要做两次能量转换，效率仅为 65%～70%。

⑤ 牵引部机械传动结构简单，且尺寸小、重量轻，便于维护检修。

⑥ 各种参数的检测、处理、控制、显示为单一的电信号，省去了液压信号到电信号、机械信号到电信号等转换环节，系统简单，工作可靠，故障率少，维修量小，寿命长。

⑦ 具有完善的控制、检测、诊断、显示系统。能实现对采煤机的各种人工控制、遥控及自动控制；能对运行中的各种参数如电流、电压、速度、温度、水压和负载等情况实时检测，并控制采煤机做出相应的处理；能当某些参量超过允许值时，发出相应的报警信号，并进行必要的保护；能对采煤机的部件进行自检和故障诊断；能显示运行中各种参量的图形和数据，并可向地面控制中心传输。从而为实现工作面的自动化、无人化控制奠定了基础。

电牵引采煤机直接采用电动机牵引采煤机，省去了复杂的液压传动系统和信号转换，具有很高的传动效率和方便的信号检测；同时采用可编程控制器和传感器可实现自动调节，具有采煤机要求的牵引特性和良好的调速性能，能对运行中的各种参数实时自检、进行保护和故障诊断，并能显示和向地面控制中心传输相应信息。从而为实现工作面的自动化、无人化控制奠定了基础。它以优良的性能和广泛的适用性，成为采煤机技术的主流。

三、牵引部减速器

目前电牵引采煤机牵引部双行星减速器大多采用分体式结构，即一级行星和二级行星为各自的一组部件，分别与各自相对应的内齿圈相啮合，两个内齿圈通过过渡齿轮定位，定位的目的是防止两齿圈发生相对转动。

下面以 MG300/720-AWD 型电牵引采煤机为例介绍采煤机牵引部减速器。

（一） 牵引减速箱的组成

该采煤机牵引减速机构由一级直齿轮和双级行星机构所组成，在一级直齿轮中间加入一个惰轮组。牵引电机输出轴通过花键联轴节与牵引减速机构一轴相连。一轴为轴齿轮

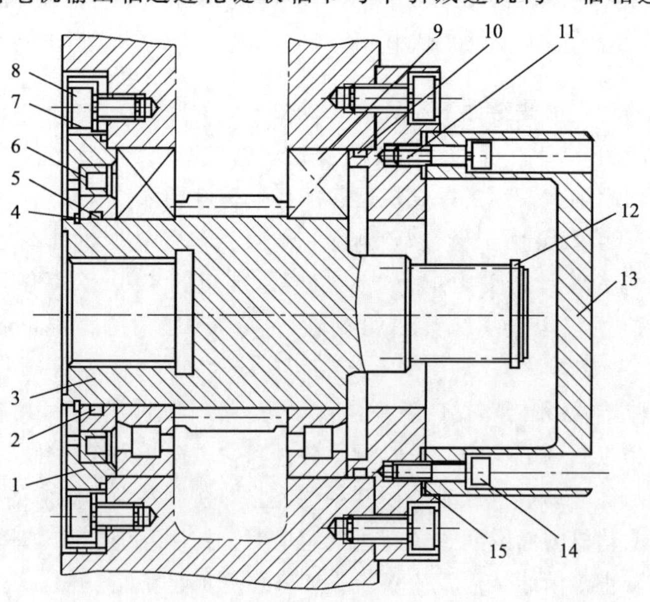

图 1-26 一轴组件

1,11—端盖；2—衬套；3—齿轮轴；4,12—挡圈；5,7,10—密封圈；6—油封；8,14—螺钉；9—轴承；13—罩；15—垫

(模数 $m=4$，齿数 $Z=30$，如图 1-26 所示)，由两只轴承支承在壳体上。经过惰轮轴（如图 1-27 所示）将电机动力传递给大齿轮（模数 $m=4$，齿数 $Z=83$，如图 1-28 所示），并通过内花键将动力传递给第一级行星机构的太阳轮。在第一级直齿传动中，可通过改变一轴轴齿轮和大齿轮的齿数($Z81/32Z85/281$)来满足不同用户对牵引速度和牵引力的不同需求。

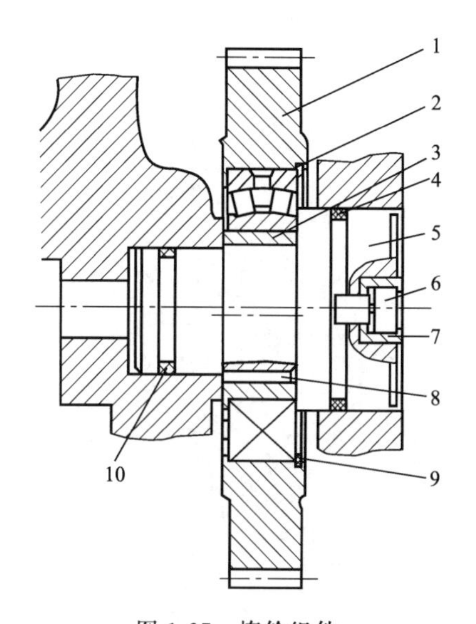

图 1-27　惰轮组件

1—惰轮；2—轴承；3—偏心套；4,10—密封圈；5—齿轮轴；6—螺钉；7—定位块；8—平键；9—挡圈

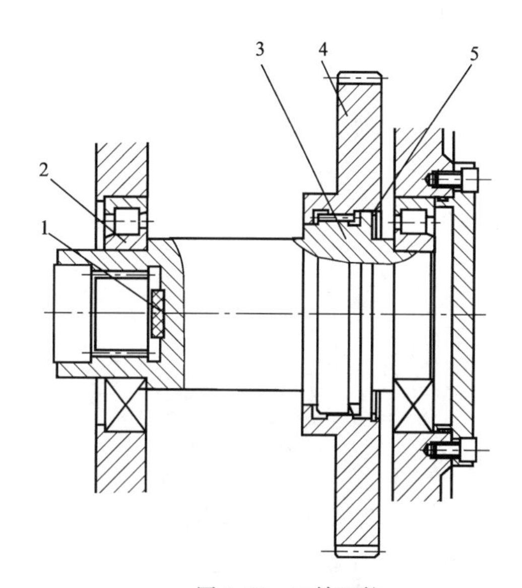

图 1-28　三轴组件

1—限位垫；2—轴承；3—花键轴；4—齿轮；5—挡圈

如图 1-29 所示，第一级行星机构是太阳轮、内齿圈与行星架三浮动的 NGW 型行星机构，它由 1 个太阳轮、4 个行星轮组件、1 个内齿圈、1 个行星架等组成。行星架一端中心有花键孔与第二级行星机构的太阳轮的外花键连接。第二级行星机构也采用太阳轮、行星架与内齿圈三浮动的 NGW 型行星机构，行星架一端通过内花键与长轴相连，该轴另一端与驱动轮相连，将电机动力传递给行走箱。

两组牵引机构各有独立的油池，以及加油、放油与放气口，使用时润滑油不应超过油池高度的一半。

(二) 牵引减速箱的总传动比

(1) 当换挡齿轮数为 32 和 81 时，总传动比为：

$$i=\frac{81}{32}\times\left(1+\frac{99}{15}\right)\times\left(1+\frac{66}{14}\right)=109.93$$

(2) 当换挡齿轮数为 28 和 85 时，总传动比为：

$$i=\frac{85}{28}\times\left(1+\frac{99}{15}\right)\times\left(1+\frac{66}{14}\right)=131.84$$

四、牵引部日常维护内容

采煤机牵引部定期检查是采煤机日常维护工作的主要内容，维护主要有“四检”，“四检”包括班检、日检、周检、月检，即“四检”制的强制检查、检修。通过此“四检”制

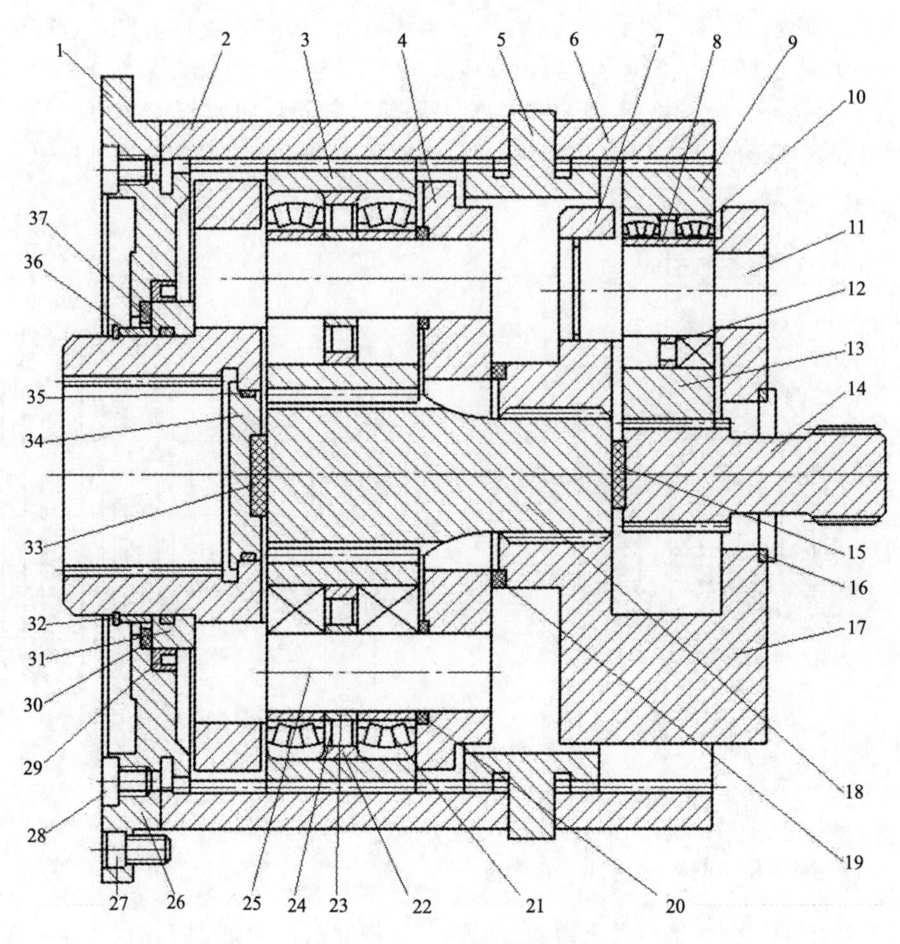

图 1-29 双级行星减速器

1—端盖；2—内齿圈Ⅰ；3—行星轮Ⅰ；4—行星架Ⅰ；5—过渡齿轮；
6—内齿圈Ⅱ；7,13,24,32—挡圈；8—距离套Ⅰ；9—行星轮Ⅱ；10—轴承；
11—心轴Ⅱ；12—距离套Ⅱ；14—太阳轮Ⅱ；15,33—限位垫；16—环Ⅰ；17—行星架Ⅱ；
18—太阳轮Ⅰ；19—环Ⅱ；20—垫；21—轴承；22,23,36—限位垫；25—心轴Ⅰ；
26,35,37—密封圈；27,28—螺钉；29—油封；30—环Ⅲ；31—套；34—堵

度，可以及时发现故障，保证采煤机始终处于完好状态，安全运行。

“四检”制具体包括：

1. 班检

班检由当班司机负责进行，检查时间不少于 30min。检查内容为：

① 检查牵引部表面外观卫生情况，清扫擦拭机体表面的积尘和油污；

② 检查各种仪表和油位指示器；

③ 检查各部螺栓连接件是否齐全、紧固；

④ 检查有无漏油漏水现象；

⑤ 检查滑靴与溜槽、导向装置与导向管的配合情况；

⑥ 检查操作手柄和按钮操作是否灵活、可靠。

2. 日检

日检由维修班长负责，有关维修工和司机参加，检查处理时间不少于 4h。检查内容为：

① 进行班检各项检查内容，处理班检解决不了的问题；

② 按润滑图表和卡片要求，检查、调整各腔室油量，对有关润滑点补充相应的润滑油脂；

③ 检查更换和清洗各种过滤器及滤芯；

④ 紧固外部螺栓，特别是各大件对口连接螺栓；

⑤ 检查和测定工作时牵引部的油温。

3. 周检

周检由综采机电队长负责，机电技术员及日检人员参加，检查处理时间不小于6h。检查内容为：

① 进行日检各项检查内容，处理日检难以处理的问题；

② 检查各部油位、油质情况，必要时进行油质化验；

③ 检查牵引部附件和紧固螺钉的工作可靠性。

4. 月检

月检由机电副矿长或机电总工程师组织机电科和周检人员参加，检查处理时间同周检或稍长一些时间。检查内容为：

① 进行周检各项内容，处理周检难以解决的问题；

② 更换所有油箱内的润滑油和液压油；

③ 检查液压系统和润滑系统，特别要注意压力表上的读数。

五、采煤机牵引部的故障分析与处理

采煤机牵引部常见故障的分析方法同采煤机截割部常见故障分析方法基本相同，采煤机牵引部常见故障分析与处理见表1-6。

表1-6　采煤机牵引部常见故障分析与处理

故障现象	可能故障原因	排除方法
传动齿轮打牙	(1)齿轮强度降低； (2)受冲击负荷	(1)加强日常检查； (2)正确选择牵引速度和正确操作
牵引速度只能增不能减，或只能减不能增	(1)按钮接触不良； (2)电磁铁或阀芯卡住	(1)拆修； (2)拆修
牵引部有异常声响	(1)主油路系统缺油； (2)液压系统中混有空气； (3)主油路系统有外泄漏； (4)主液压泵或液压马达损坏	(1)补充缺油量； (2)查清进入空气的原因并消除，再重新排净系统中的空气； (3)查清泄漏的原因及部位。紧固松动的接头，更换损坏的密封件或其他液压元件，消除泄漏； (4)更换泵或马达
牵引速度慢	(1)调速机构螺丝松、拉杆调整不正确或者轴向间隙过大，调速时使主泵摆动装置摆角小； (2)制动器未松开，牵引阻力大； (3)行走机构轴承损坏严重，落道或者滑靴(轮)丢失； (4)主回路系统、主液压泵、液压马达出现渗漏或损坏，造成压力低、流量小； (5)控制压力偏低	(1)调整拉杆到正确位置、紧固螺丝、消除间隙，达到动作准确灵敏要求； (2)接通制动器压力油源，使制动器松开； (3)确定行走部位损坏程度，若需更换应及时更换，如果是落道应及时上道，滑靴丢失也应及时安装； (4)修复渗漏处或更换主液压泵、液压马达； (5)根据控制压力偏低的原因进行处理修复
只有一个方向牵引	一个方向的电磁铁断路	修复线路

分任务四 采煤机辅助装置的维护

任务描述

掌握采煤机辅助装置的维护方法。

能力目标

① 能说出采煤机辅助装置的组成部分；

② 能说出采煤机辅助装置的常见故障并能分析排除；

③ 能说出采煤机辅助装置维护内容。

相关知识链接

一、采煤机辅助装置组成

采煤机的辅助装置是保证采煤机正常工作，改善采煤机工作条件，起辅助作用的装置总称。它包括调高装置、调斜装置、底托架、喷雾降尘装置、拖缆装置、破碎装置、挡煤板、防滑装置和液压辅助装置。

(一) 调高、调斜装置

为了适应煤层厚度的变化，在煤层高度范围内上下调整滚筒位置称为调高。目前所有的滚筒式采煤机均采用液压传动来实现滚筒调高，采煤机调高有摇臂调高和机身调高两种类型，它们都是靠调高油缸（千斤顶）来实现的。为了使滚筒能适应底板沿煤层走向的起伏，使采煤机机身绕其纵轴摆动称为调斜。调斜通常用底托架下靠采空侧的两个支撑滑靴上的液压缸来实现。

采用摇臂调高时大多数调高千斤顶装在采煤机底托架内，如图 1-30 (a) 所示，通过小摇臂轴使摇臂升降，也有将调高千斤顶放在端部[如图 1-30(b)所示]或截割部固定减速箱内的[如图 1-30(c)所示]。

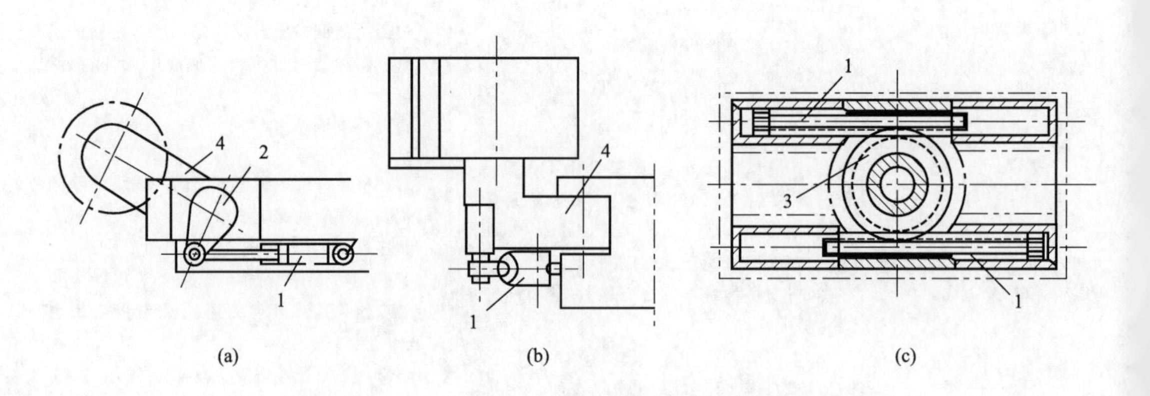

图 1-30 摇臂调高方式

1—调高千斤顶；2—小摇臂；3—摇臂轴；4—摇臂

采用机身调高时，摇臂千斤顶有安装在机身上部的（如图 1-31 所示），也有装在机身下面的。

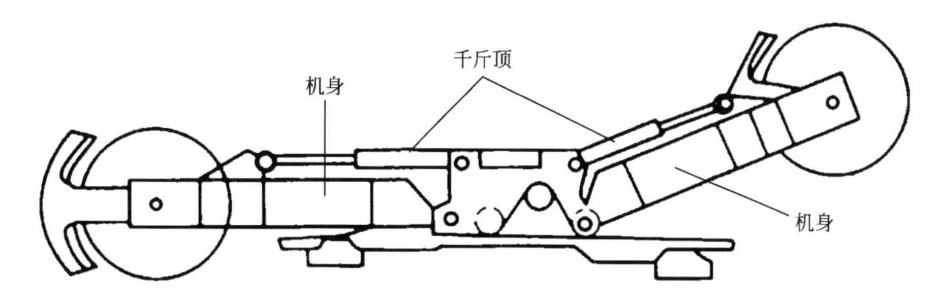

图 1-31　机身调高方式

（二）底托架

底托架是采煤机的基座，是支撑采煤机整个机体的一个部件。采煤机的电动机、截割部和牵引部在底托架上组成为一个整体，并且用螺栓固定在底托架上，通过底托架下的 4 个滑靴骑在工作面输送机上，并沿输送机滑行。底托架与输送机之间具有足够的空间，便于输送机上的大块煤能顺利从采煤机下通过。底托架的高度应与煤层的厚度以及所选用的滚筒直径相适应。采煤机底托架分为固定与可调式两种。固定底托架上复板与溜槽之间的距离、倾角保持不变，采用这种托架的采煤机，对煤层的起伏变化适应性较差。可调式底托架具有机身调斜功能，可根据煤层的变化，随时调整机身与溜槽之间的角度，以适应倾斜煤层开采要求。采煤机底托架还分为整体式和分段组合式。整体式底托架刚度大、强度高，但入井及井巷运输比较困难；分段组合式底托架强度偏小，刚度较弱，连接易松动，但有利于入井及井巷运输。电牵引采煤机系采用框架式机身，由左、中、右框架构成，用高强度液压螺栓副连接，简单可靠，拆装方便。底托架上的滑靴是采煤机的支撑件，按照滑靴的结构和作用的不同，分为导向滑靴和非导向滑靴两种。位于采空侧的为导向滑靴，位于煤壁侧的为非导向滑靴。非导向滑靴又分为平滑靴和滚轮滑靴两种。两个导向滑靴利用开口导向管与输送机上的导向管滑动连接，具有支撑、导向及防止采煤机掉道的作用；两个煤壁侧滑靴具有支撑并能使采煤机沿工作面输送机滑动的功能。平滑靴结构简单。滚轮滑靴结构复杂，它与输送机之间为滚动磨擦，运行阻力较小。

（三）喷雾降尘装置

为了减少采煤机在工作过程中产生的粉尘，需要采取多方面措施，目前最常用的灭尘方法是喷雾灭尘，国外还有吸尘器灭尘、泡沫灭尘和其他物理灭尘的方法。

喷雾灭尘是用喷嘴把压力水高度扩散，使其雾化，雾化水形成水幕使粉尘与外界隔离，并能湿润飞扬的粉尘而使其沉降，同时还有冲淡瓦斯、冷却截齿、湿润煤层和防止截割火花等作用。

《煤况安全规程》中规定：采煤机工作时必须有内外喷雾装置，否则不准工作。

喷嘴装在滚筒叶片上，将水从滚筒里向截齿喷射，称为内喷雾。喷嘴装在采煤机机身上，将水从滚筒外向滚筒及煤层喷射，称为外喷雾。

内喷雾时，喷嘴离截齿较近，可以对着截齿面喷射，从而把粉尘扑灭在刚刚生成还没有扩散的阶段，降尘效果好，耗水量小，但供水管要通过滚筒轴和滚筒，需要可靠的回转密封，且喷嘴易堵塞和损坏。外喷雾器的喷嘴离粉尘源较远，粉尘容易扩散，因而耗水量大，但供水系统的密封和维护比较容易。

喷雾冷却系统的形式如图 1-32 所示。其供水由喷雾泵站沿顺槽管路、工作面拖移软管接入，经截止阀、过滤器及水分配器分配成 4 路：1、4 路供左、右截割部内、外喷雾；2 路供牵引部冷却及外喷雾；3 路供电动机冷却及外喷雾。

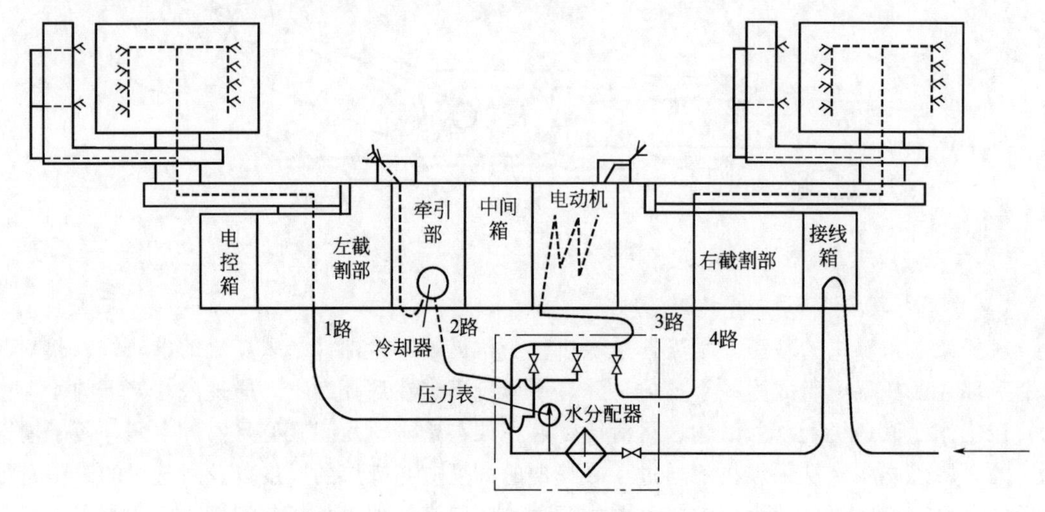

图 1-32 喷雾冷却系统

（四）拖缆装置

拖缆装置的作用是当采煤机沿工作面移动时，拖动采煤机的动力电缆和降尘用的水管，代替了人工盘电缆的繁重体力劳动。目前，采煤机的拖缆装置有两种类型：一种是采用链式电缆夹装置（如图 1-33 所示）；另一种是不用链式电缆夹，而在工作面输送机侧板上设管理移动电缆的装置，大部分采煤机都采用链式电缆夹。链式电缆夹装置是将移动电缆和水管

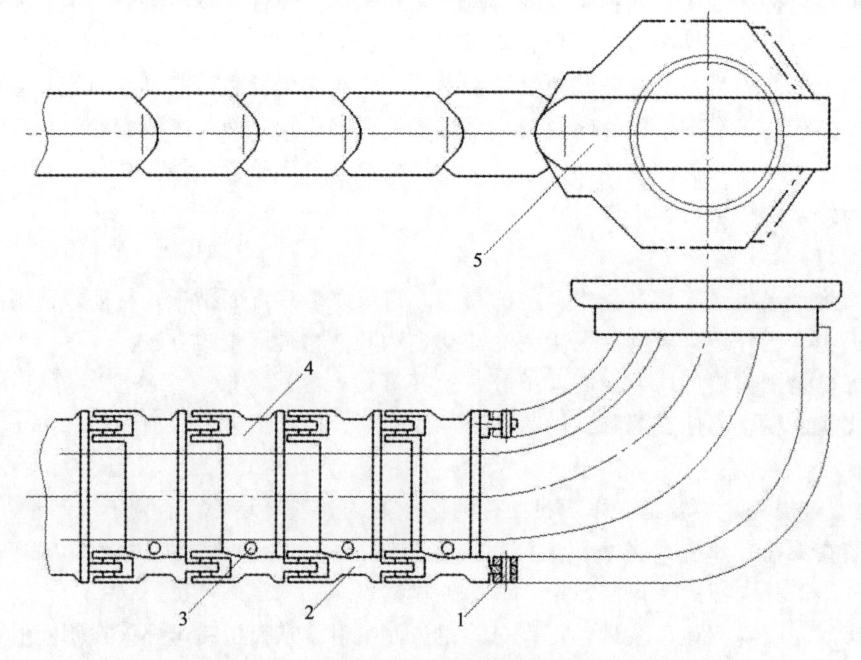

图 1-33 拖缆装置

1—销轴；2—扁链夹；3—挡销；4—框形链夹；5—弯头

卡在链式电缆夹内，采煤机直接拖动链式电缆夹，从而带着电缆和水管跟随采煤机移动，这样，拖动电缆的拉力由链式电缆夹承受，电缆和水管不承受拉力，并且受到电缆夹的保护，可以防止被砸坏。当采煤机沿工作面牵引时，链式电缆夹在输送机侧边的电缆槽内移动。

（五）防滑装置

骑在输送机上工作的采煤机，当煤层倾角大于 15°时，就有下滑的危险。特别是链牵引采煤机上行工作时，一旦断链，就会造成机器下滑的重大事故。因此，《煤矿安全规程》规定：当工作面倾角在 15°以上时，必须有可靠的防滑装置。常用的防滑装置有防滑杆、液压安全绞车、液压制动器等。

1. 防滑杆

如图 1-34 所示，在采煤机底托架下装有防滑杆 1 和操纵手把 2，防滑杆是顺着倾斜向下安装的。当采煤机向下采煤时，即使牵引链断了，由于筒滚受煤壁阻挡，采煤机不会下滑，因而可用手把将防滑杆提起。当采煤机向上采煤时，则需将防滑杆放下，这时如发生断链下滑，防滑杆即插在输送机刮板上，从而防止采煤机下滑事故发生。但在发生断链后，司机应及时停止刮板输送机，以免采煤机随刮板输送机下滑。这种装置只用于中、小型采煤机。

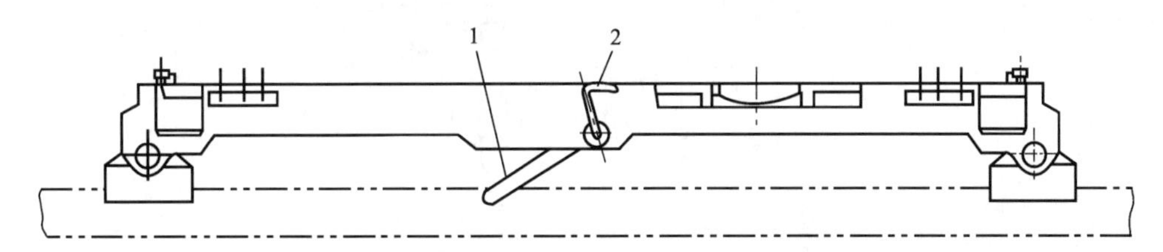

图 1-34　防滑杆装置

1—防滑杆；2—操纵手把

2. 液压安全绞车

这是一种液压传动的滚筒式小绞车。它装在工作面上部的回风巷内。绞车的钢丝绳固定在采煤机上。当采煤机发生断链情况时，通过采煤机下滑而使绞车制动，采煤机在绞车钢丝绳牵制下停止下滑。这种防滑绞车具有以下特点。

绞车不需要任何操作，当采煤机启动时，防滑绞车先于采煤机自动启动；当采煤机停止时，绞车电动机同时停止，绞车制动闸将绳筒制动住；当采煤机向下牵引时，通过钢丝绳带动绞车向外放绳，绞车放绳的速度始终保持与采煤机的牵引速度一致，并随着采煤机牵引速度的变化而自动调节钢丝绳的速度，使钢丝绳的张力始终保持不变。由上可知，防滑绞车的运转状态完全受采煤机的控制，它与采煤机的运行协调一致，始终保持钢丝绳为张紧状态，并保持一定的张力。钢丝绳的张力可根据具体情况进行调节。液压防滑绞车采用变量液压泵和定量液压马达系统，其工作原理和采煤机的液压牵引相似。

3. 液压制动器

在无链牵引中，可用设在牵引部液压马达输出轴上的圆盘摩擦片式液压制动器，代替设在上顺槽的液压安全绞车，防止停机时采煤机下滑。液压制动器结构如图 1-35 所示。内摩擦片 6 装在马达轴 13 的花键槽中，外摩擦片 5 通过花键套在离合器外壳 4 的槽中。内、外摩擦片相间安装，并靠活塞 3 中的预压弹簧 7 压紧。弹簧的压力使摩擦片在干摩擦情况下产生足够大的制动力防止机器下滑。

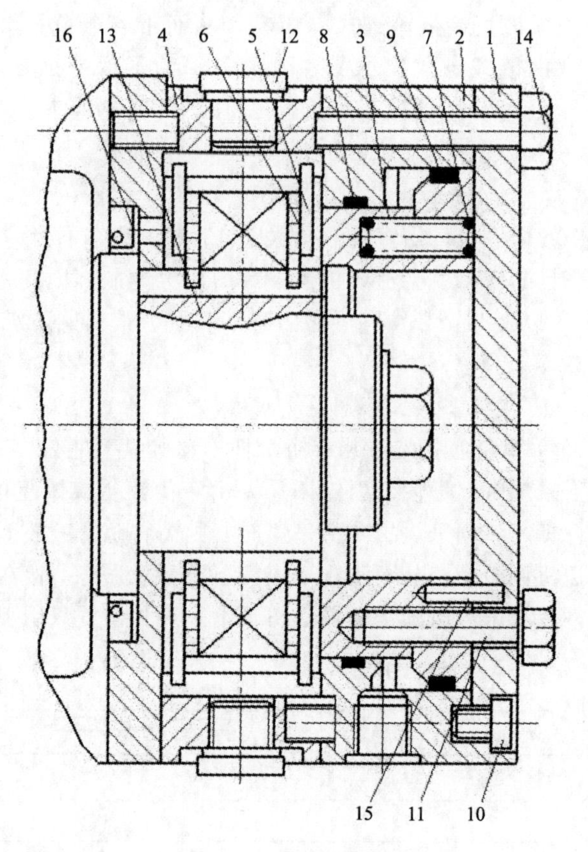

图 1-35 液压制动器

1—端盖；2—缸体；3—活塞；4—离合器外壳；5—外摩擦片；6—内摩擦片；7—预压弹簧；8,9—密封圈；10—螺钉；11,12—丝堵；13—马达轴；14—螺钉；15—定位销；16—油封

（六）破碎装置

破碎装置的作用是把将要进入机身下的大块煤炭破碎开，它安装在迎着煤流的机身端部，由破碎滚筒及其传动装置组成。其驱动方式有专用电动机驱动或者由截割部减速箱驱动。

（七）挡煤板

在螺旋滚筒后面设置挡煤板，可以提高装煤效果，减少浮煤量及抑制煤尘飞扬，挡煤板

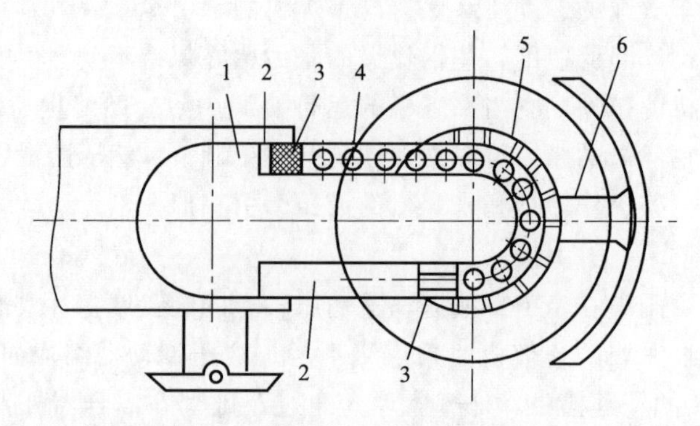

图 1-36 弧形挡煤板及其翻转装置

1—摇臂；2—液压油缸；3—活塞；4—滚子链；5—连接块；6—弧形挡煤板

分为弧形挡煤板和门式挡煤板两种。门式挡煤板为平板，不能翻转，但可以绕垂直轴折叠成与机身平行的形状。弧形挡煤板（如图 1-36 所示）为圆弧形，根据采煤机不同牵引方向的需要，它可绕滚筒轴线翻转 180°，是目前常用的一种挡煤板。

弧形挡煤板 6 安装在摇臂 1 上，翻转时，利用装在摇臂采空区侧的两个液压油缸 2 来实现。液压油缸 2 的活塞 3 与滚子链 4 相连，带动连接块 5，连接块通过离合装置与弧形挡煤板的轮毂相连。翻转结束后，使离合装置脱开。

二、采煤机辅助装置日常维护

采煤机辅助装置定期检查是采煤机日常维护工作的主要内容，维护主要有“四检”，“四检”包括班检、日检、周检、月检，即“四检”制的强制检查、检修。通过此“四检”制度，可以及时发现故障，保证采煤机始终处于完好状态，安全运行。

“四检”制具体包括：

1. 班检

班检由当班司机负责进行，检查时间不少于 30min。检查内容为：

① 检查液压与冷却喷雾装置有无泄漏。压力、流量是否符合规定，雾化情况是否良好；

② 检查急停、闭锁、防滑装置与制动器性能是否良好，动作是否可靠；

③ 检查各部螺栓连接件是否齐全、紧固；

④ 检查有无漏油漏水现象。

2. 日检

日检由维修班长负责，有关维修工和司机参加，检查处理时间不少于 4h。检查内容为：

① 进行班检各项检查内容，处理班检解决不了的问题；

② 按润滑图表和卡片要求，检查、调整各腔室油量，对有关润滑点补充相应的润滑油脂；

③ 检查更换和清洗各种过滤器及滤芯；

④ 紧固外部螺栓，特别是各大件对口连接螺栓；

⑤ 滑靴磨损是否均匀，检查磨损量大小；

⑥ 检查支撑架是否固定牢靠，滚轮转动灵活。

3. 周检

周检由综采机电队长负责，机电技术员及日检人员参加，检查处理时间不小于 6h。检查内容为：

① 进行日检各项检查内容，处理日检难以处理的问题；

② 检查各部油位、油质情况，必要时进行油质化验；

③ 检查牵引部附件和紧固螺钉的工作可靠性；

④ 底托架有无严重变形，与牵引部及截割部接触是否平稳；

⑤ 破碎机动作灵活可靠，无严重变形、磨损，破碎齿齐全。

4. 月检

月检由机电副矿长或机电总工程师组织机电科和周检人员参加，检查处理时间同周检或稍长一些时间。检查内容为：进行周检各项内容，处理周检难以解决的问题。

三、采煤机辅助装置的故障分析与处理

采煤机辅助装置常见故障的分析方法同采煤机截割部常见故障分析方法基本相同，采煤

机辅助装置常见故障分析与处理见表 1-7。

表 1-7 采煤机辅助装置常见故障分析与处理

故障现象	可能故障原因	排除方法
滚筒不能调高或升降动作缓慢	(1)调高泵损坏,泄漏量太大而流量过小; (2)调高油缸损坏或上、下腔窜液; (3)安全阀损坏或调定值太低; (4)油管损坏、密封失效、接头松动引起的外泄漏,导致系统供油量不足; (5)液压锁损坏	(1)修复或更换损坏的调高泵; (2)修复或更换调高油缸; (3)修复或更换安全阀或将调定值调至规定要求值; (4)紧固接头,更换损坏油管及密封件; (5)更换液压锁
附属液压系统无流量或流量不足	(1)油箱油位太低,调高泵吸不上油; (2)吸油过滤器堵塞,导致泵的流量太小; (3)液压泵损坏或泄漏量过大; (4)系统有外泄漏,引起流量不足	(1)将油加到要求规定的油位; (2)清洗或更换过滤器; (3)修复或更换液压泵; (4)修复附属液压系统泄漏处
调斜缸不动	(1)回路断路; (2)无电或供电电压太低	(1)拆修; (2)恢复供电电压
调斜缸不灵活	(1)按钮触点接触不良; (2)电源供电电压太低	(1)拆修; (2)恢复供电电压
水压或水量不足	(1)喷雾堵塞、损坏; (2)水管和接头漏水或损坏	(1)检查喷嘴,更换损坏的; (2)检查水管和接头处,处理和更换损坏的部分
引起挡煤板翻转动作失灵	(1)附属液压系统的液压泵损坏,泵无流量或流量不足; (2)油液污染,液压泵吸油过滤器堵塞,泵的流量太小; (3)液压泵安全阀压力调定值太低或安全阀损坏; (4)液压缸保护安全阀动作值太低或安全阀损坏; (5)挡煤板翻转液压缸(或液压马达)漏油或窜液; (6)换向阀损坏或卡死; (7)液压系统有外泄漏	(1)修复或更换液压泵; (2)清洗或更换滤油器,必要时更换油液; (3)重新将液压泵安全阀调定值调到额定压力值或更换安全阀; (4)重新将液压缸安全阀动作值调到额定动作值或更换安全阀; (5)修复或更换损坏的液压缸; (6)修复或更换损坏的换向阀; (7)拧紧松动的接头,更换损坏的密封、油管、接头等元件,消除泄漏故障点

分任务五 采煤机的选型与配套

任务描述

掌握采煤机选型与配套的方法。

能力目标

① 能说出采煤机选型的方法;
② 能说出采煤机的主要参数。

相关知识链接

一、采煤机械的基本要求

对采煤机械的基本要求是高效、经济、安全。具体要求为:

① 采煤机械的生产率应能满足采煤工作面的产量要求；

② 工作机构能在所给煤层力学特性（硬度、截割阻抗）的条件下正常截割；装煤效果好；落煤块度大、煤尘小、能耗低；

③ 能调节采高，适应工作面煤层厚度变化；能自开缺口；

④ 有足够的牵引力和良好的防滑、制动装置，能在所给煤层倾角下安全生产；牵引速度能随工作条件变化而调节，其大小能满足工作要求；

⑤ 有可靠的喷雾降尘装置和完善的安全保护装置，电气设备必须能够防爆；

⑥ 采煤机械是综采工作面的关键设备，它的维护费用在吨煤成本中所占比例相当大。因此，要求采煤机械的性能必须可靠，维持正常工作所必需的各种消耗（动力、液压油、润滑油、易损失等）应较低。

二、采煤机的选型

采煤机选型应考虑煤层储存条件和对生产能力的要求，以及与输送机和液压支架的配套要求。

（一）根据煤层厚度选择采煤机

煤层的厚度决定着所需采煤机的最小采高、最大采高、机面高度、过煤高度、过机高度以及电动机功率大小。

根据开采技术要求，将煤层厚度分为4类。

① 极薄煤层：煤层厚度小于0.8m，最小截割高度在0.65～0.8m。此种情况下只能选择爬底板采煤机。

② 薄煤层：煤层厚度0.8～1.3m，最小截割高度在0.75～0.9m。此种情况下可选择骑槽式采煤机。

③ 中厚煤层：煤层厚度1.3～3.5m，根据煤的坚硬度等因素可选择中等功率或大功率的采煤机。

④ 厚煤层：煤层厚度在3.5m以上，宜选用大采高的采煤机，并要具有调高、调斜功能，以适应大采高综采工作面地质及开采条件的变化。由于落煤块度较大，采煤机和输送机应有大块煤破碎装置，以保证采煤机和输送机的正常工作。

例如，采高在1.1～2.0m的采煤工作面，煤质中硬，可选用单滚筒采煤机；采高在1.3～2.5m时可选用双滚筒采煤机。

（二）根据煤的力学性质选择采煤机械

煤的力学性质主要包括煤的坚硬度系数 f，抗压强度，截割阻抗 A，韧性，层理和节理的发育状况，夹石含量及分布等。这些因素关系到选择采煤机械的工作机构形式和采煤机械的功率大小。采煤机适于开采 $f<4$ 的缓倾斜及急倾斜煤层。

根据煤的坚硬度系数 f 和截割阻抗 A，将煤分为三类：

① 软煤：坚硬度系数 $f \leqslant 1.8$，截割阻抗 $A<180$N/mm。此种情况下可选用刨煤机，刨煤机最适合开采软煤，特别是脆性软煤。

② 中硬煤：坚硬度系数 $f=1.8 \sim 2.5$，截割阻抗 $A=180 \sim 240$N/mm。此种情况下可采用中等功率的采煤机。

③ 硬煤：坚硬度系数 $f=2.5 \sim 4$，截割阻抗 $A=240 \sim 360$N/mm。此种情况下可采用大功率采煤机。滚筒式采煤机可截割各种硬度的煤。

坚硬度系数 f 只反映煤体破碎的难易程度，不能完全反映采煤机滚筒上截齿的受力大小，有些国家采用截割阻抗 A 表示煤体抵抗机械破碎的能力。截割阻抗标志着煤岩的力学特征，根据煤层厚度和截割阻抗，选取装机功率。

（三）根据煤层倾角选择采煤机

根据开采技术特点，将煤层倾角分为三类：0°～25°为缓倾斜煤层；25°～45°为倾斜煤层；45°～90°为急倾斜煤层。

倾角小于12°的煤层，对机械化开采最为有利，一般不考虑采煤机械的防滑问题。

在工作面干燥的条件下，金属对金属的摩擦系数为0.23～0.30，相应的摩擦角为13°～17°，因此倾角大于12°时，骑溜槽工作的采煤机和以输送机支撑和导向的爬底板采煤机，必须带防滑装置。

在工作面潮湿的条件下，摩擦系数要降低，倾角大于8°时就要备有防滑装置。

无链牵引采煤机，由于具有可靠的制动装置，牵引力又大，可用到倾角40°～50°的工作面。

煤与底板的摩擦系数一般为0.7～0.8，相应的摩擦角为36°～40°，故煤层倾角大于40°时，煤可沿底板自溜下滑，而不必安装输送机。但实际上，为了使煤流沿着要求的安全方向运输，并且无链牵引的采煤机也需要为之导向，故在倾角大于40°的工作面条件下，仍配备工作面输送机。

（四）根据顶底板性质选择采煤机

顶底板性质主要影响顶底板管理方法和支护设备的选择，因此，选择采煤机时应同时考虑选择何种支护设备。例如，对于不稳定顶板，控顶距应当尽量小，应选用窄机身采煤机和能超前支护的支架；若底板松软，则不宜选用拖钩式刨煤机，底板支撑式爬底板采煤机和混合支撑式爬底板采煤机，而应选用靠输送机支撑和导向的滑行刨，悬臂支撑式爬底板采煤机，骑溜槽工作的滚筒式采煤机和对底板接触比压小的支架。

三、采煤机参数选择

基本参数规定了采煤机的适用范围和主要技术性能，既是设计采煤机的主要依据，又是综采工作面成套设备选型的依据。

（一）采煤机的生产率

1. 理论生产率

它是采煤机的最大生产率，是在所给工作条件下，以最大参数运行时的生产率，其计算公式为：

$$Q_t = 60HBV_q\rho$$

式中 H——工作面的采高，m；

B——截深，m；

V_q——采煤机截煤时的最大牵引速度，m/min；

ρ——煤的实体密度，一般为 $1.3 \sim 1.4t/m^3$。

采煤机的理论生产率是选择与采煤机配套的工作面输送机，转载机，带式输送机生产能力的依据。一般工作面输送机的生产率应略大于采煤机的理论生产率。

采煤机的截深B、工作面的采高H和煤的实体密度 ρ 都是一定的，故理论生产率 Q_t 主要取决于采煤机的工作牵引速度 V_q 的大小。采煤机司机应当根据工作面的具体条件随时调节牵引速度，以尽可能大的 V_q 值割煤。但同时必须注意，V_q 值的增大要受到采煤机电动机装机功率、滚筒装煤能力以及移架速度等多方面因素的限制。工作牵引速度过大，会造成电动机过载；碎煤在滚筒中的循环煤量增多，会使装煤效果变差；移架速度跟不上采煤机割煤，会造成顶板冒落。

2. 技术生产率

它是指除去采煤机必要的辅助工作（如调动机器，检查机器，更换截齿，自开缺口等）和排除故障所占用的时间外的生产率。其计算公式为：

$$Q=Q_t\times K_1$$

式中，K_1 为与采煤机技术上的可靠性和完备性有关的系数，一般为 0.5～0.7。

3. 实际生产率

它是采煤机工作面每小时的实际产量，其计算公式为：

$$Q_m=K_2\times Q$$

式中，K_2 为采煤机在实际工作中的连续工作系数，一般为 0.6～0.65。

K_2 为考虑由于工作面其他配套设备的影响（如采区运输系统衔接不良，输送机和支护设备出现故障等），处理顶底板事故、劳动组织不周等原因造成的采煤机被迫停机所占用时间的系数。

采煤机的实际生产率应当满足工作面的计划日产能力的要求。

（二）滚筒直径、截深和截割速度

1. 滚筒直径

滚筒直径是指到截齿齿尖的直径。滚筒直径大小应按煤层厚度来选择。

薄煤层双滚筒采煤机其滚筒直径是指到截齿齿尖的直径，应按下式选取：

$$D=H_{max}-(0.1\sim0.3)$$

式中，H_{max}为煤层最小厚度，单位为 m，减去(0.1～0.3)m 是考虑到割煤后的顶板下沉量，防止采煤机返回装煤时因顶板下沉导致滚筒割支架顶梁。

中厚煤层单滚筒采煤机其滚筒直径为：

$$D=(0.5\sim0.6)H_{max}$$

式中，H_{max}为煤层最大厚度。

双滚筒采煤机一般都是一次采全高，即上行或下行各进行一刀，各完成一个循环，故滚筒直径应稍大于最大采高的一半。

2. 截深

截深是指滚筒外缘到端盘外侧截齿齿尖的距离，即一次截割深度。中厚煤层采煤机常用 0.6m 或 0.63m，MG360-W 采煤机采高范围在 2.1～3.5m 之间，属于中厚煤层采煤机，它的截深为 0.6m。

采高范围、卧底量和机面高度的验算如下。

最大采高：

$$H_{max}=A-\frac{h}{2}+L\sin\alpha_{max}+\frac{D}{2}$$

最小采高：　$H_{min}=A-\frac{h}{2}+L\sin\alpha_{min}+\frac{D}{2}$

最大卧底量：　$K_{max}=A-\frac{h}{2}-L\sin\beta_{max}-\frac{D}{2}$

最小卧底量：　$K_{min}=A-\frac{h}{2}-L\sin\beta_{min}-\frac{D}{2}$

上式中 A 为机面高度，D 为滚筒直径，h 为电动机高度，L 为采煤机摇臂长度，α 为摇臂向上摆角，β 为摇臂向下摆角。

3. 截割速度

滚筒上截齿齿尖的切线速度称为截割速度。截割速度决定于滚筒直径和滚筒转速。

为减小滚筒截割时产生的粉尘，提高块煤率，出现滚筒低速化的趋势。滚筒转速对滚筒截割和装载过程的影响都比较大，但是对粉尘生成和截齿使用寿命影响较大的是截割速度而不是滚筒转速。截割速度一般为3.5～5.0m/s，少数机型只有2m/s左右。滚筒转速是设计截割部的一项重要参数。新型采煤机滚筒直径为2m左右的滚筒，转速多为25～40r/min，直径小于1m的滚筒转速可达80r/min。

（三）牵引速度

牵引速度就是采煤机沿工作面移动的速度，它与截割电动机功率、牵引电动机功率、采煤机生产率的关系都近似成正比。

牵引速度上限受电动机功率、装煤能力、液压支架移架速度、输送机运输能力等限制。

液压牵引采煤机截割时的牵引速度一般为5～6m/min，电牵引采煤机截割时的牵引速度一般达到10～12m/min，最高牵引速度已达54.5m/min。

采煤机滚筒上截齿在滚筒转一周时切入煤体的最大切削厚度 H_{max} 为：

$$H_{max}=\frac{1000V_q}{mn}$$

式中　V_q——工作牵引速度，m/min；

m——滚筒每条截线上的截齿数目；

n——滚筒转速，r/min。

滚筒转速 n 和每条截线上的截齿数目 m 是固定的。由上式知道，最大切屑厚度 H_{max} 将随着工作牵引速度 V_q 的增大而增加。研究证明，在一定范围内增大 H_{max} 可使采煤机的落煤能耗降低。但牵引速度调得太大，以至 H_{max} 超过截齿伸出齿座的长度，使无切削刃的齿座与煤体相接触而摩擦，会造成采煤机截割功率的急剧上升，甚至电动机过载。因此，尽管采煤机最大牵引速度一般为6～10m/min，但工作牵引速度却比上述值小得多，一般为2～4m/min。最大牵引速度仅用于采煤机返程清理余煤或空载调动机器用。

（四）牵引力

牵引力大小取决于煤质硬软、牵引速度、煤层倾角、采高、机器质量等因素。目前使用的链牵引采煤机的牵引力 P(kN) 与装机功率的 N(kW) 的关系为

$$P=(1\sim3)N$$

无链牵引采煤机由于适用于大倾角煤层，一般都是双牵引部，其牵引力比链牵引的大一倍。

（五）滚筒的转速和转向

滚筒转速高，则切削厚度小，截割能耗大，粉煤量多，煤尘飞扬严重；转速过低则切削厚度增大，受到截齿伸出长度的限制。一般认为滚筒转速以 30～50r/min 为宜。目前有降低滚筒转速的趋势，有的采煤机滚筒转速仅为 15～20r/min。

（六）装机功率

装机功率包括截割电动机、牵引电动机、破碎机电动机、液压泵电动机、喷雾泵电动机等所有电动机功率的总和。装机功率越大，采煤机适应的煤层越坚硬，生产率也越高。装机功率 P 与比能耗 H_W 和理论生产率 Q_t 有关：

$$P=Q_tH_W$$

式中　P——装机功率，kW；

Q_t——采煤机理论生产率，t/h；

H_W——采煤比能耗，kWh/t。

比能耗越小，截割功率和牵引功率越小，装机功率越小。

比能耗与牵引速度近似成反比，呈双曲线关系（如图 1-37 所示），牵引速度增大到一定值时，比能耗最小（A 表示开采煤层的截割阻抗），块煤率更高，煤尘更少，生产率更高，即达到最佳截割性能。

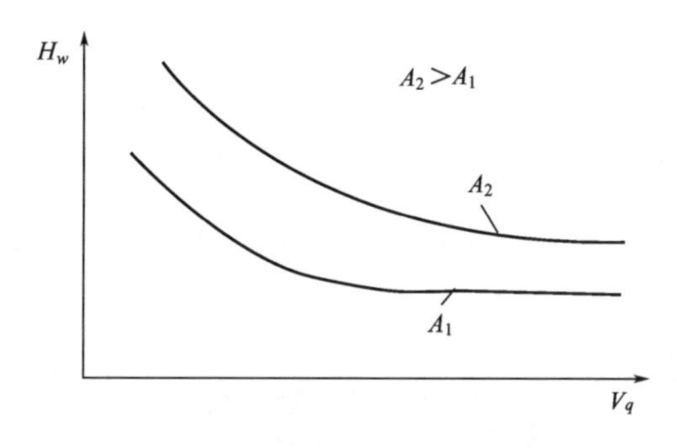

图 1-37　比能耗与牵引速度关系

采煤机装机功率的大约 85%用于截煤和装煤，用在牵引的功率只有一小部分。为了防止电动机经常处于过载状态运转，一般电动机功率都有一定的富余量。

用于中硬或中硬以下煤质的采煤机装机功率与煤层厚度有如表 1-8 所示的关系。对于硬煤及极硬煤，装机功率应较表 1-8 中的值加大一倍。

表 1-8　采煤机装机功率与煤层厚度关系

采高/m	采煤机装机功率/kW	
	单滚筒	双滚筒
0.6～0.9	<50	<100
0.9～1.3	50～100	100～150
1.3～2.0	100～150	150～200
2.0～3.0	150～200	200～300
3.0～4.5	—	300～450

任务二　刮板输送机的操作与检修

分任务一　刮板输送机操作技能训练

任务描述

正确操作刮板输送机。

能力目标

① 能正确操作刮板输送机；
② 能说出刮板输送机操作的注意事项；
③ 能够对操作过程进行评价，具有独立思考能力与分析判断的能力。

相关知识链接

一、刮板输送机概述

（一）刮板输送机用途

刮板输送机（如图 2-1 所示）是一种有挠性牵引机构的连续运输机械，是为采煤工作面和采区巷道运煤的机械，是目前长壁式采煤工作面唯一的运输设备。

图 2-1　刮板输送机

（二）刮板输送机分类

刮板输送机的种类多种多样，不同的地方应用不同，刮板输送机适用于煤层倾角不超过25°的采煤工作面，但对于间作采煤机轨道与机组配合工作的刮板输送机，适用的煤层角度一般不超过 10°。

刮板输送机常用的分类方式有以下几种。

① 按机头卸载方式和结构，分为端卸式、侧卸式和90°转弯刮板输送机。

② 按溜槽布置方式和结构，分为重叠式和并列式、开底式与封底式溜槽刮板输送机。

③ 按单电机额定功率大小，分为轻型($P \leqslant 75$kW)、中型(75kW$< P \leqslant 160$kW)、重型($P > 160$kW)刮板输送机。

④ 按刮板链的形式，分为中单链型、边双链型、中双链型和三链型。

(三) 刮板输送机工作原理、组成

刮板输送机是一种以挠性体作为牵引机构的连续输送机械，它主要用于回采工作面的运输，其工作原理如图2-2所示。刮板输送机的牵引构件是刮板链，承载装置是中部槽，刮板链安置在中部槽的槽面。中部槽沿运输线路全线铺设，刮板链绕经机头、机尾的链轮接成封闭形置于中部槽中，与滚筒采煤机和输送机推移装置配套，实现落煤、装煤、运煤及推移输送机械比。工作时，电动机通过传动装置带动链轮旋转，链轮带动刮板链在溜槽内作循环移动，沿输送机全长都可向溜槽中装煤，装入中部槽中的煤被刮板链拖拉，在中部槽内滑行到卸载端卸下。

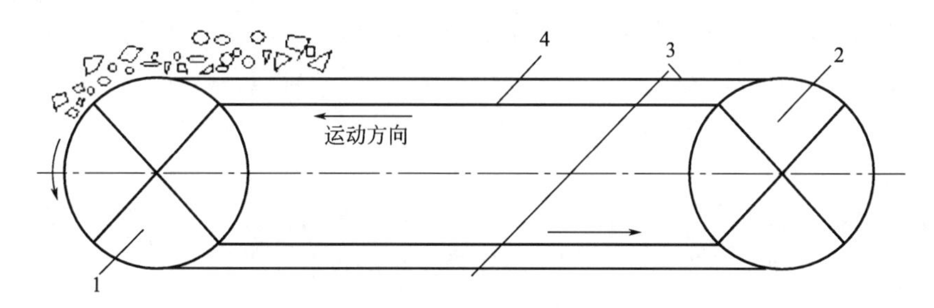

图2-2 刮板输送机工作原理示意图

1—机头链轮；2—机尾链轮；3—上、下溜槽；4—刮板链

刮板输送机主要组成部分如下。

1. 机头部及传动装置

机头部是将电动机的动力传递给刮板链的装置，主要包括机头架、传动装置、链轮组件、盲轴及电动机等部件。利用机头传动装置驱动的紧链器和链牵引采煤机牵引链的固定装置也安装在机头部。其中，机头架是支撑、安装链轮组件、减速器、过渡槽等部件的框架式焊接构件。为适应左右采煤工作面的需要，机头架两侧对称，可在两侧安装减速器。

传动装置由电动机、联轴器和减速器等部分组成。当采用单速电动机驱动时，电动机与减速器一般用液力耦合器连接；当采用双速电动机驱动时，电动机与减速器一般用弹性联轴器连接。减速器输出轴与链轮的连接有的采用花键连接，有的采用齿轮联轴器连接。链轮组件由链轮和两个半滚筒组成，它带动刮板链移动。盲轴安装在无传动装置一侧的机头、机尾架侧板上，用以支撑链轮组件。

2. 溜槽及附件

溜槽分为中部槽、调节溜槽和连接溜槽三种类型。中部溜槽是刮板输送机机身的主要部分；调节溜槽一般分为0.5m和1m两种，其作用是当采煤工作面长度有变化或输送机下滑时，可适当地调节输送机的长度和机头、机尾传动部的位置；连接溜槽，又称为过渡溜槽，主要作用是将机头传动部或机尾传动部分别与中部溜槽较好地连接起来。

溜槽作为整个刮板输送机的机身，除承载货物外，在综采工作面，机身还将是采煤机的导轨，因而要求它有一定的强度和刚度，并具有较好的耐磨性能。

溜槽的附件主要是挡煤板和铲煤板。在溜槽上一般都装有挡煤板，其主要用途是增加溜槽的装煤量，加大刮板输送机的运载能力，防止煤炭溢出溜槽；其次考虑利用它敷设电缆、油管和水管等设施，并对这些设施起保护作用。有些挡煤板还附有采煤机导向管，对采煤机的运行起导向定位作用，防止采煤机掉道。

为了达到采煤机工作的全截深和避免刮板输送机倾斜，就必须在输送机推移时先清除机道上的浮煤，因此在溜槽靠煤壁侧帮上安装有铲煤板。需要特别指出的是，铲煤板只能清除浮煤，不能代替装煤，否则会引起铲煤板飘起、输送机倾斜，因而造成采煤机割不平底板，甚至出现割顶、割前探梁等事故。

3. 机尾部

综采工作面刮板输送机一般功率较大，多采用机头和机尾双机传动方式。部分端卸式输送机的机头、机尾完全相同，并可以互换安装使用。因为机尾不卸载，不需要卸载高度，所以一般机尾部都比较低。为了减少刮板链对槽帮的磨损，在机尾架上槽两侧装有压链块。由于不在机尾紧链，机尾不设紧链装置。为了使下链带出的煤粉能自动接入上槽，在机尾安装回煤罩。

4. 刮板链

刮板链是刮板输送机的重要部件，它在工作中拖动刮板沿着溜槽输送货物，要承受较大的静载荷和动载荷，而且在工作过程中还与溜槽发生摩擦，所以，要求刮板链具有较高的耐磨性、韧性和强度。

5. 紧链装置

刮板链过松会发生刮板链堵塞在拨链器内，使链子跳出链轮和发生断链事故，还可能使链子在回空段出现刮板链掉道的事故。为了保证刮板链能正常工作，必须通过紧链装置拉紧刮板链使其处于合适的张紧状态。常用的紧链装置有棘轮紧链装置、闸盘式紧链装置等。

6. 防滑及锚固装置

倾斜工作面铺设的刮板输送机，设有可靠的防止输送机下滑的装置，刮板输送机防滑装置主要有以下几种：千斤顶防滑装置、双柱锚固防滑装置、滑移梁锚固防滑装置。

图 2-3 是 SGW-150C 型弯曲刮板输送机，这种机型适用于缓倾斜中厚煤层高档普采工作面，与滚筒采煤机和输送机推移装置配套，实现落煤、装煤、运煤及推移输送机机械化。沿输送机全长都可向溜槽中装煤，装入溜槽中的煤，被刮板链拖拉，在溜槽内滑行到卸载端卸下。

（四）刮板输送机的特点

1. 刮板输送机的优点

① 结构坚实，能经受住煤炭、矸石或其他物料的冲、撞、砸、压等外力作用，运输能力不受负载的块度和湿度的影响。

② 能适应采煤工作面底板不平、弯曲推移的需要，可以承受垂直或水平方向的弯曲，机身长度调整方便。

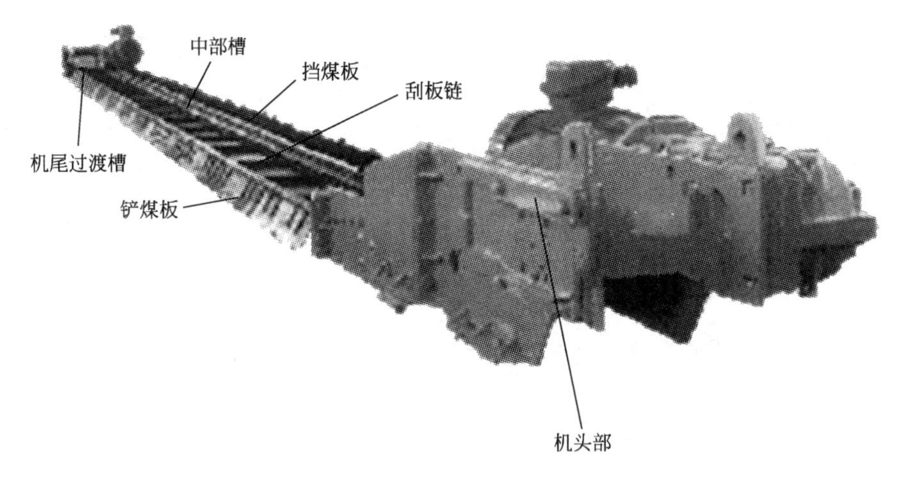

图 2-3　SGW-150C 型弯曲刮板输送机

③ 机身矮，结构紧凑，便于安装。

④ 能兼作采煤机运行的轨道。

⑤ 可反向运行，便于处理底链事故。

⑥ 能作液压支架前段的支点。

⑦ 结构简单，在输送长度上可任意点进料或卸料，沿输送机全长可任意位置装煤。

⑧ 机壳密闭，可以防止输送物料时粉尘飞扬而污染环境。

⑨ 当其尾部不设置机壳，并将刮板插入料堆时，可自行取料输送。

2. 刮板输送机的缺点

① 运行阻力大，耗电量高，溜槽磨损严重，空载功率消耗较大，为总功率的 30%左右。

② 使用维护不当时易出现掉链、漂链、卡链、甚至断链事故。

③ 消耗钢材多，成本大。

（五）刮板输送机技术参数

刮板输送机的技术参数以 SGZ-960/800S 中双链刮板输送机为参照介绍，具体技术参数见表 2-1。

表 2-1　SGZ-960/800S 中双链刮板输送机技术参数

名　　称		技术参数
设计长度/m		200
输送量/(t/h)		1800
刮板链速度/(m/s)		1.18
出厂长度/m		200
电动机	型号	YBSD-400/200
	输出功率/kW	2×400
	压力/MPa	≤1.5
	转速/(r/min)	1486/732
	冷却方式	水冷
	入口水温/℃	≤30

续表

名　　称		技术参数
减速器	型号	JS-400 圆锥、圆柱-行星减速器
	传动比	37.125∶1
	传动功率/kW	400
	冷却方式	水冷
刮板链	形式	中双链
	圆形链规格/mm	2×ϕ34×126
	最小破断负荷/kN	≥1450
	链条中心距/mm	200
	刮板间距/mm	1008
中部槽	连接强度/kN	≥3000
	规格/mm	1500×960×315
	连接方式	哑铃连接
紧链装置		闸盘紧链
卸载方式		交叉侧卸
牵引形式		埋链式
节距规格		45×72+34×153

（六）刮板输送机型号编制

刮板输送机型号编制依据中华人民共和国煤炭行业标准 MT/T 15-2002。

① 轧制槽帮和冷压槽帮的刮板输送机型号编制方法如图 2-4 所示。

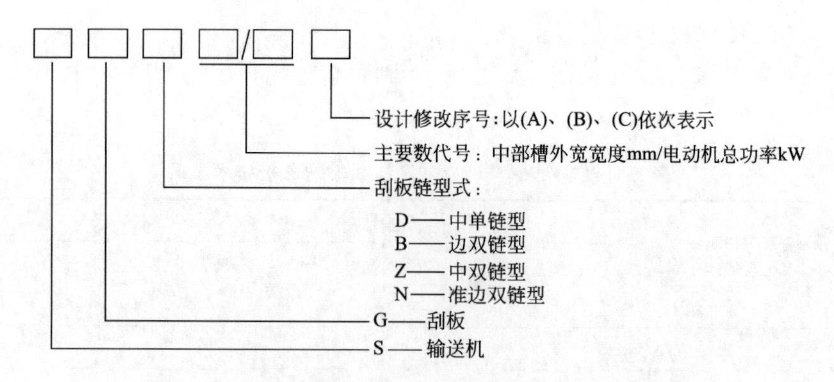

图 2-4　轧制槽帮和冷压槽帮的刮板输送机型号编制方法

型号示例：中部槽外宽宽度为 630mm，配用电动机总功率为 150kW，第三次修改设计的边双链刮板输送机表示为：SGB630/150（C）。

② 铸造槽帮刮板输送机型号编制方法如图 2-5 所示。

型号示例：中部槽内宽宽度为 880mm，配用双速电动机总功率为 1400kW，第一次修改设计的中双链刮板输送机表示为：SGZ880/1400（A）。

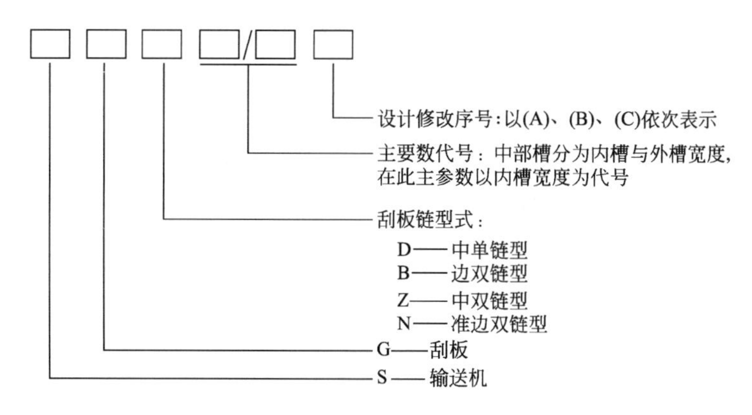

图 2-5 铸造槽帮刮板输送机型号编制方法

二、刮板输送机操作程序及注意事项

（一）刮板输送机安全操作

1. 上岗条件

刮板输送机司机必须熟悉刮板输送机性能及构造原理和作业规程，掌握输送机的一般维护保养和故障处理技能，懂得回采和巷道支护的基本知识，经过培训、考试合格，取得操作资格证后，方可持证上岗。

2. 安全规定

第 1 条 作业范围内的顶帮有危及人身和设备安全时，必须及时汇报处理后，方准作业。

第 2 条 电动机及其开关地点附近 20m 以内风流中瓦斯浓度达到 1.5%时，必须停止运转，切断电源，撤出人员，进行处理；工作面回风巷风流中瓦斯浓度超过 1.0%或二氧化碳浓度超过 1.5%时，必须停止运转，撤出人员，进行处理。

第 3 条 严禁人员蹬乘刮板输送机。用刮板输送机运送作业规程等规定允许的物料时，必须严格执行防止顶人和顶倒支架的安全措施。

第 4 条 开动刮板输送机前必须发出开车信号，确认人员已经离开机器转动部位，发出预警信号或点动两次后，才准正式开动。

第 5 条 检修、处理刮板输送机故障时，必须切断电源，闭锁控制开关，挂上停电牌。

第 6 条 进行掐、接链、点动时，人员必须躲离链条受力方向；正常运行时，司机不准面向刮板输送机运行方向，以免断链伤人。

第 7 条 拆卸液力耦合器的注油塞、易熔塞、防爆片时，脸部应躲开喷油方向，戴手套拧松几扣，停一段时间和放气后，再慢慢拧下。严禁使用不合格的易熔塞、防爆片。

3. 操作准备

第 1 条 备齐钳子、小铁锤、铁锹、扳手等工具，保险销、圆环链、刮板、铁丝、螺栓、螺母等备品配件，机械润滑油、液力耦合器油（液）等油脂。

第 2 条 检查机头、机尾处的支护是否完整，压、戗柱是否齐全牢固，附近 5m 以内有无杂物、浮煤或浮碴，洒水设施是否齐全无损，该电气设备处有无淋水，如有淋水是否已妥善遮盖。

第 3 条 检查机头、机尾的锚固装置是否牢固可靠，本台刮板输送机与相接的刮板输送机、转载机、带式输送机的搭接是否符合规定要求。

第 4 条 检查各部是否螺栓紧固、联轴器间隙合格、防护装置齐全无损；各部轴承及减速器和液力耦合器的油（液）量是否符合规定、无漏油（液）。

第 5 条 检查传动链有无磨损或断裂，调整传动链使其松紧适宜。

第 6 条 检查防爆电气设备是否完好无损，电缆是否悬挂整齐，信号装置是否灵敏可靠。

4. 操作顺序

刮板输送机司机操作顺序是：检查→发出信号试运转→检查处理问题→正式启动→喷雾→正式运转→结束停机。

5. 正常操作

第 1 条 发出开机信号，并喊话，确定人员离开机械运转部位后，先点动两次，再启动试运转，检查传动链松紧程度，是否有跳动、刮底、跑偏、漂链等情况。

第 2 条 对试运转中发现的问题要及时处理，处理时要先发出停机信号，将控制开关的手把扳到断电位置锁定，然后挂上停电牌。

第 3 条 发出开机信号，待接到开机信号后，点动两次，再正式启动运转，然后打开喷雾装置喷雾降尘。

第 4 条 多台运输设备连续运行时，在未装有集中控制时应按逆煤流方向逐台开动，按顺煤流方向逐台停止；装有集中控制时应按顺煤流方向依次逐台开动，依次逐台停止。

第 5 条 刮板输送机运转中要随时注意电动机、减速器等各部运转声音是否正常，是否有剧烈震动，电动机、轴承是否发热（电动机温度不应超过 80℃，轴承温度不应超过 70℃），刮板链运行是否平稳无裂损；并应经常清扫机头、机尾附近及底溜槽漏出的浮煤。

第 6 条 运转中发现下列情况之一，要立即发出停机信号停机，进行妥善处理。

① 超负荷运转，发生闷车时；

② 刮板链出槽，漂链，掉链，跳齿时；

③ 溜槽被拉开或者被提起时；

④ 电气、机械部件温度超限或运转声音不正常时；

⑤ 液力耦合器的易熔塞熔化或其油（液）质喷出时；

⑥ 发现大木料、金属支柱、竹笆、顶网、大块煤矸等异物时；

⑦ 运输巷转载机或下台刮板输送机停止时；

⑧ 信号不明或发现有人在刮板输送机上时。

第 7 条 刮板输送机运行时，严禁清理转动部位的煤粉或用手调整刮板链，严禁人员从机头上部跨越。

第 8 条 本班工作结束后，将机头、机尾附近的浮煤清扫干净，待刮板输送机内的煤全部运出后，按顺序停机，然后关闭喷雾阀门，并向下台刮板输送机发出停机信号，将控制开关手把扳到断电位置，并拧紧闭锁螺栓。

6. 收尾工作

第 1 条 清扫机头、机尾各机械、电气设备上的粉尘。

第 2 条 在现场向接班司机详细交待本班设备运转情况、出现的故障、存在的问题。按规定填写刮板输送机工作日志。

（二）注意事项

① 移溜、新安设刮板及每班作业前要先对刮板进行试运转，使刮板链转动半周后停车，检查已翻转到溜槽上的刮板链，同时检查牵引链松紧程度以防止出现跳链、漂链、掉链等情况，各运转部件有无挂卡和闷车现象，空载运行无问题后再负载试运转。对试运转中发现的问题，应与班组、队长、电钳工共同处理，处理问题时，先发出停机信号，将控制开关的手把扳到断电位置，并锁好，然后挂上停电牌。

② 启动前要发出信号，先断续点动，隔几秒钟再正式启动。其目的，一是检验刮板输送机运行是正转还是反转；二是断续点动代替警戒信号，警示在输送机附近工作或行走的人员。

③ 防止强行带负荷启动。一般情况下都要先启动刮板输送机，然后再装煤。机采工作面要先启动输送机后才能开动采煤机。如果连续两次不能启动或切断保险销，必须找出原因并处理好后再启动。

④ 无论有否集中控制，都要由外向里（由放煤眼至工作面）沿逆煤流方向依次启动。

⑤ 启动后，要注意观察其运行状态，观察运行是否平稳，声音是否正常，运输机的链子、刮板连接环、分链器等要求完好无缺，牢固可靠。

⑥ 机器运行时，司机应注意观察运行情况，随时检查电动机、减速器、各部轴承的温度、声响等有无不正常现象，如发现异常情况应立即停车，作进一步检查，并排除故障。

⑦ 减速器温升不得大于70℃，电动机温升不得大于85℃。

⑧ 在工作面全长，输送机不能有过大的弯曲，左右弯曲度不超过3°，以免掉下链。

⑨ 刮板机输送机头、机尾稳固支柱必须齐全有效。刮板机溜槽保持平、稳、直，上齐链子连接环的螺栓并拧紧螺帽，刮板齐全。

⑩ 运行时，司机不得离开岗位；若要离开，必须停机闭锁。刮板输送司机必须随时注意工作。

⑪ 刮板输送机停止运转时，不要向输送机内装煤。机采时应停止采煤机割煤。

⑫ 炮采工作面要采取措施防止炮崩溜槽，并应采用分段放炮的办法，防止因满载压住输送机无法启动。

⑬ 不要向溜槽里装大块煤炭，防止大块煤炭卡刮溜槽而造成事故。

⑭ 工作面停止出煤前，应将溜槽中的煤输送干净，然后由里向外沿顺煤流方向依次停止运转。

⑮ 无煤时，禁止刮板输送机长时间空转。

分任务二 刮板输送机的主要结构及功能分析

任务描述

掌握刮板输送机的主要结构。

能力目标

① 能说出刮板输送机的组成部分；

② 能说出刮板输送机各组成部分的功能。

一、机头部

刮板输送机的机头部如图 2-6 所示，它主要由机头架、传动装置（包括电动机、液力耦合器、连接罩、减速器）、链轮组件、盲轴组件、舌板、拨链器、紧链器、推移梁等部件组成。传动装置采用液力耦合器，既可使电动机启动平稳，降低启动电流，又可对刮板输送机进行各种安全保护。

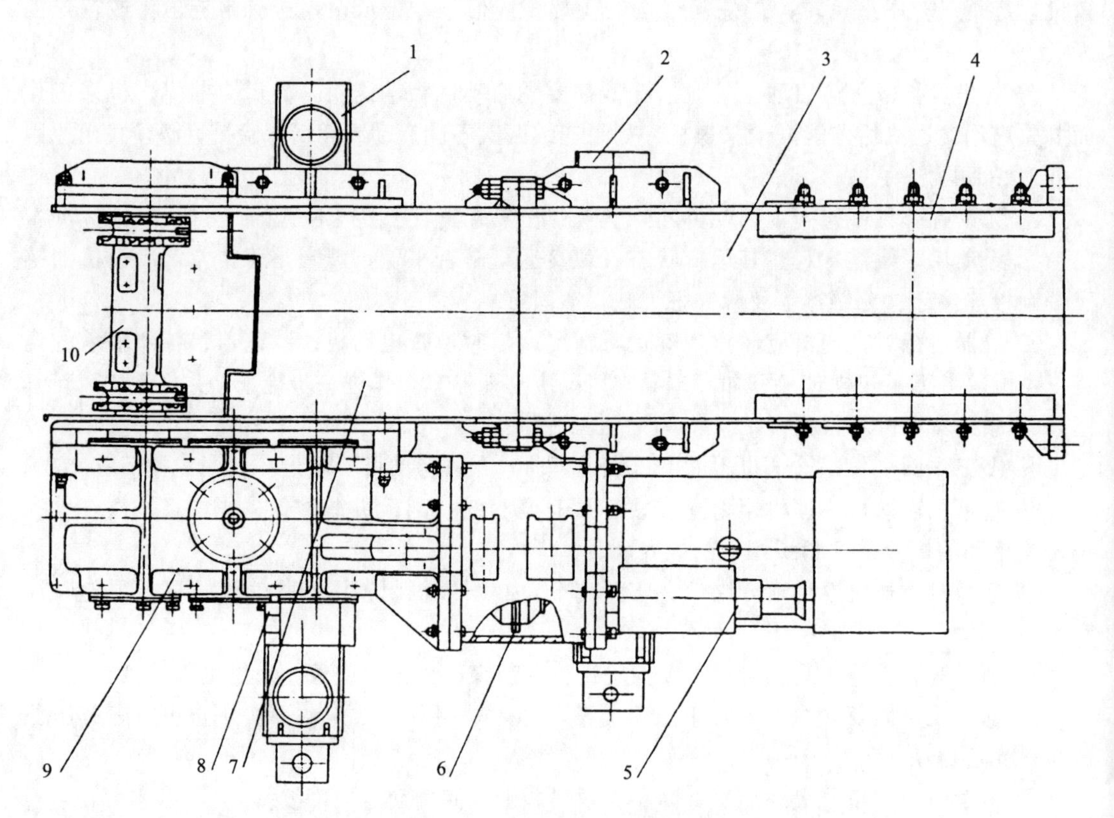

图 2-6 刮板输送机机头部

1，2—推移梁；3—过渡槽；4—压链块；5—电动机；
6—液力耦合器；7—机头架；8—紧链器；9—减速器；10—链轮组件

机头部的主要作用有两个：一是作为输送机的动力部，用于驱动整部输送机运行；二是构成输送机的卸煤部，将溜槽运出的煤卸到顺槽转载机上。

（一）减速器

减速器的箱体由上、下两个箱体组成，为对称结构，以适应左、右工作面和机头、机尾的需要。上、下箱体之间用螺栓连接。箱体侧帮上有 4 个螺孔，用螺栓将减速器固定到机头架侧板上。减速器一轴的圆锥齿轮是通过轴端的花键由液力耦合器的轴套传动的。一轴由两个圆锥滚子轴承来支承，二轴、三轴均由两个圆锥滚子轴承来支承，四轴通过轴端的花键传动链轮，它由两个双列向心球面滚子轴承来支承。驱动装置平行布置时，减速器有两种结构形式，一种是三级圆锥圆柱齿轮减速器，如图 2-7 所示为 SGW-150 型刮板输送机减速器，这种减速器适用于双边链型链轮组件，第一对齿轮为圆弧锥齿轮，第二对为斜齿圆柱齿轮，第三对为直齿圆柱齿轮。箱体为剖分式对称结构，用球墨铸铁制造，以保证强度。为使在倾斜状态下第一轴的球轴承得到润滑，用挡环和油封隔成一个独立的油室，使润滑油不会流入箱体油室。在倾角较大的工作面为使锥齿轮得到润滑，箱体相应部位设隔油室。箱体底部设冷却水管防止工作时油过热。

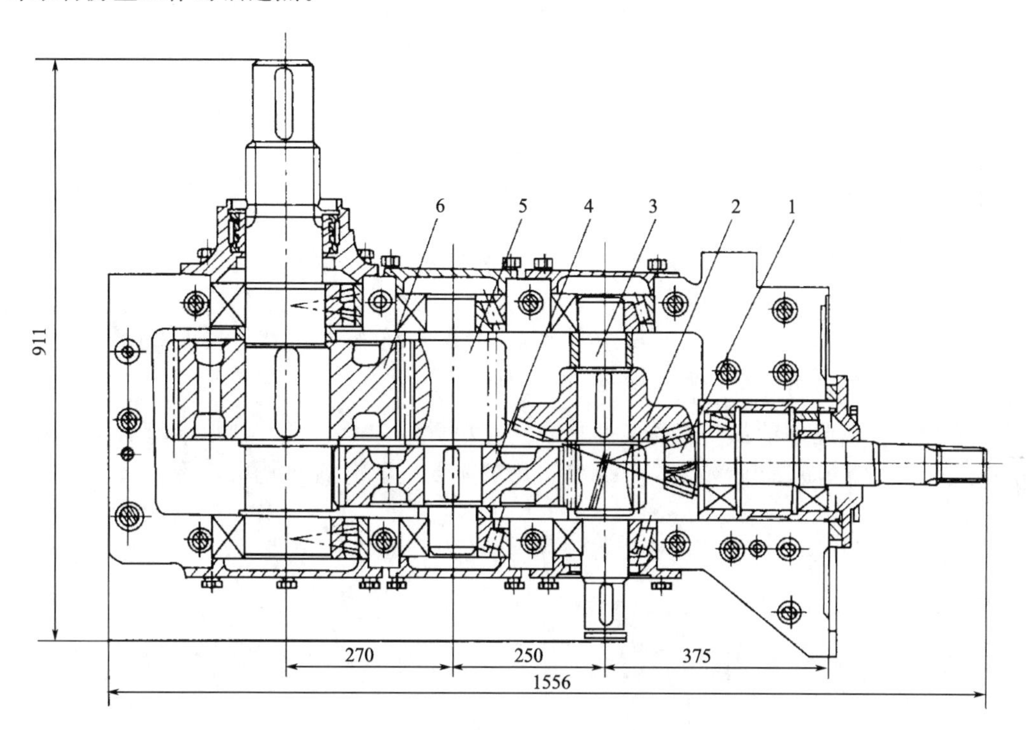

图 2-7　SGW-150 型刮板输送机减速器

1—轴圆弧锥齿轮；2—圆弧锥齿轮；3—轴斜齿轮；4—斜齿轮；5—轴齿轮；6—正齿轮

（二）链轮组件

链轮组件主要由链轮和滚筒组成。它是刮板输送机的重要传动部件，刮板链就是靠链轮驱动运行的。由于链轮轴上要承受整个机器的最大扭矩，因而要求链轮既要有较高的强度和耐磨性，又要有一定的韧性，能够承受工作中的脉动载荷和附加冲击载荷。为此，链轮均用优质钢材制造。

图 2-8 为边双链用的链轮组件，采用剖分式连接筒，连接筒两端有环槽与链轮的环槽相接，内孔用平键分别与减速器伸出轴及盲轴连接，两个剖分式连接筒用螺栓紧固。链轮用花键孔与减速器的伸出轴和盲轴连接。由于两个链轮分别支承在减速器输出轴和盲轴的花键上，而滚筒又通过平键分别与减速器输出轴及盲轴连接，因而使链轮组件连成一体。

安装时，先把减速器和盲轴组件安装在机头架两侧，这时减速器的输出轴和盲轴都伸入到机头架内，再将两个链轮分别装在减速器输出轴和盲轴的花键部位上；然后将剖分滚筒的两半合在两个轴的平键部位上，并用 8 条螺栓紧固在一起。同时，必须保证两个链轮各对应轮齿在相同的相位角上，以保证刮板链正常啮合运行。

（三）盲轴组件

盲轴组件安装在无传动装置靠煤壁一侧的机头架侧板上，其作用是支承链轮组件，使链

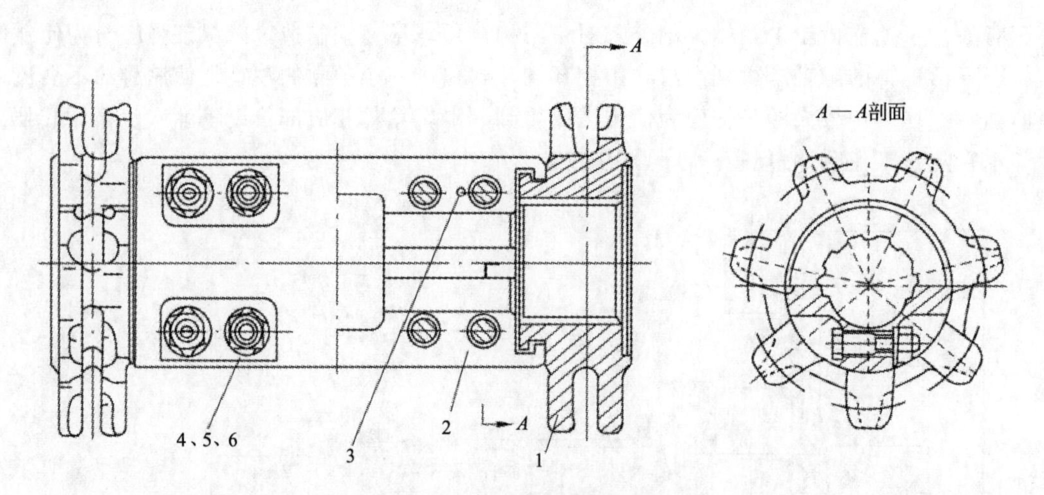

图 2-8　边双链用的链轮连接组件

1—链轮；2—剖分式滚筒；3—定位销；4，5，6—螺栓、螺母、垫圈

轮运行平稳。盲轴组件的结构如图 2-9 所示，它由轴、轴套、滚动轴承、轴承座、轴承托架、端盖、密封等组成。轴的一端的平键和花键连接半圆滚筒和链轮，另一端用调心轴承支承。

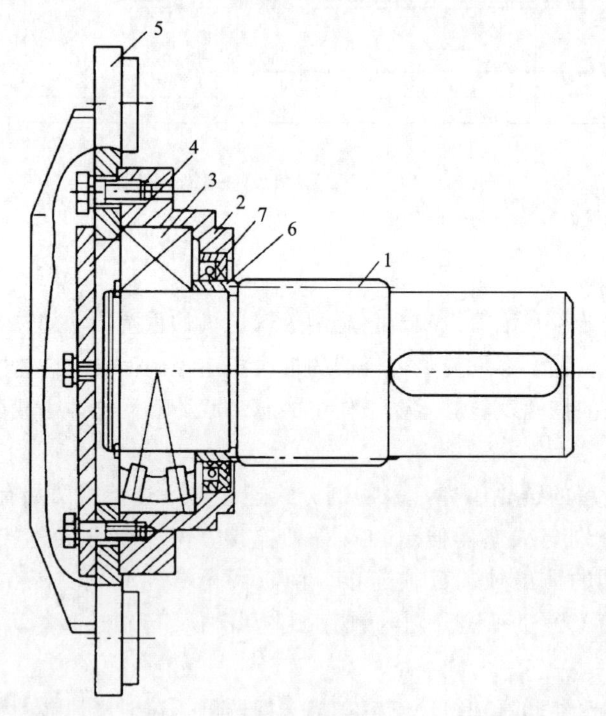

图 2-9　盲轴组件

1—花键轴；2—轴承座；3—轴承；4—盖板；5—轴承托板；6—轴套；7—油封

（四）机头架

机头架为刚性焊接结构件，如图 2-10 所示，它是用来支承和装配传动装置、链轮组件和盲轴组件的。它主要由侧板、中板、底板等部件焊接而成。因机头架的中板倾角较大，故

在机头架后端的两侧内各装有可更换的压链块，用于刮板链的导向，防止过渡槽上端部被磨损。在机头架中板两侧边角处都用高锰钢堆焊，以延长中板的使用寿命。拨链器用销轴固定在机头架上，其作用是使刮板链顺利地脱离链轮而进入回链槽，防止因链子堵塞在链轮上而引起断链、打牙事故。

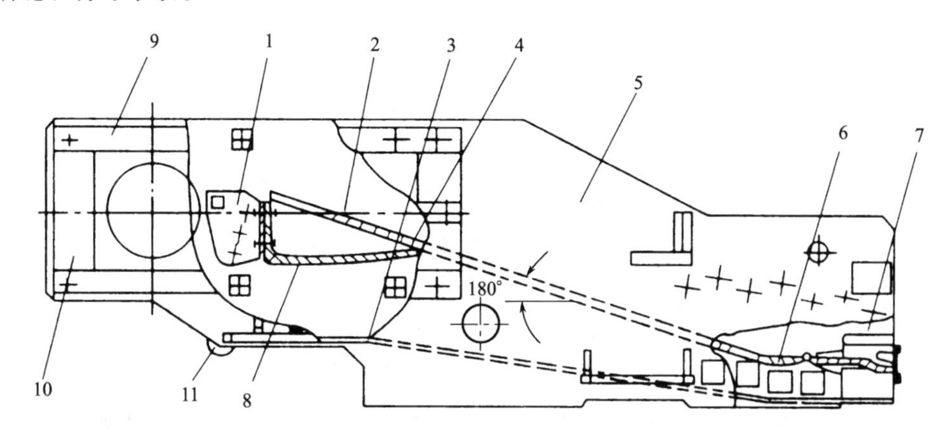

图 2-10　SGB-750/250 型刮板输送机机头架

1—固定架；2—中板；3—底板；4—加强板；5—侧板；6—耐磨板；7—高锰钢端头；8—前梁；9—横垫板；10—立板；11—圆钢

（五）液力耦合器

1. 液力耦合器的结构特点

① 电动机、弹性联轴器、后辅室外壳、泵轮连接在一起，泵轮与透平轮外壳用螺钉相连。当电动机带动泵轮转动时，整个外壳一起转动，此为“主动部件”，如图 2-11 所示。

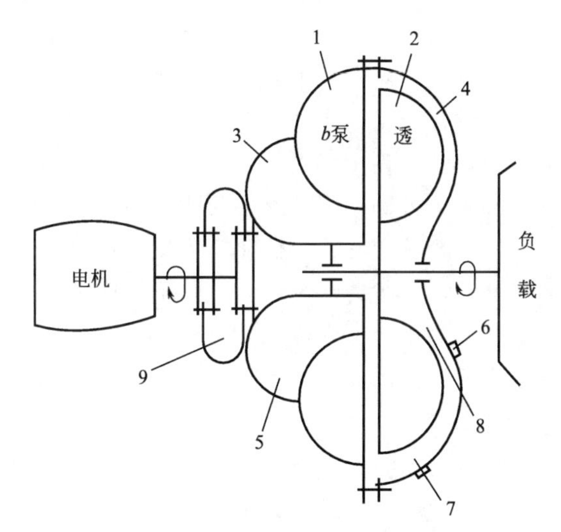

图 2-11　液力耦合器示意图

1—泵轮；2—透平轮；3—后辅室外壳；4—透平轮外壳；5—后辅室；6—注油孔；7—易熔合金塞；8—前辅室；9—联轴节

② 透平轮固定在从动轴的轴套上，与减速器的输入轴相连接，此为“从动部件”。

③ 泵轮与透平轮外壳通过轴承支承在轴上。泵轮与透平轮之间没有任何刚性连接，二者之间可以相互自由转动。

④ 泵轮与透平轮是液力耦合器的主要工作部件，两者都是由高强度铝合金铸成，且都具有轴平面径向叶片，如图 2-12 所示。

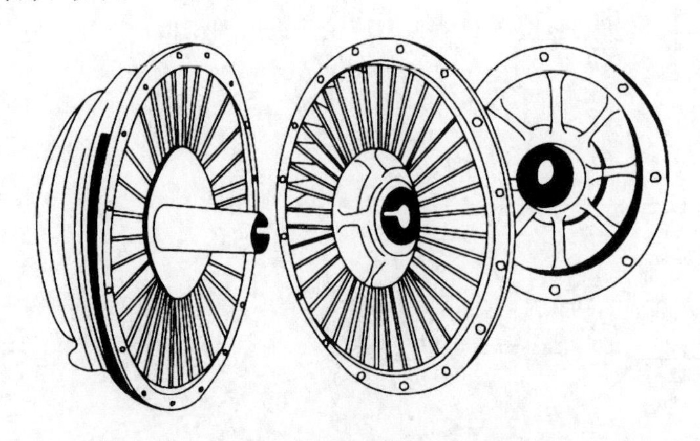

图 2-12　YL 型液力耦合器部件及平面径向叶片

⑤ 泵轮与透平轮装配好以后，两轮的径向槽相互吻合形成了若干个小环形工作腔。

另外，在液力耦合器的外壳上设有两个定量注液孔和两个易熔合金保护塞。定量注液孔向液力耦合器内注入定量的工作液体（一般为 20 号机油或 22 号透平油）。易熔合金塞的作用是当工作腔内的油温超过允许值时，易熔合金熔化，油液喷出，使泵轮空转，防止电动机过载烧毁和损坏其他转动部件。易熔合金的熔化温度一般为 100～140℃。

2. 液力耦合器的工作原理

在液力耦合器内充满适量的工作液体，启动电动机，通过弹性联轴器、后辅室外壳带动泵轮与透平轮外壳开始转动，因为透平轮通过轴套与减速器输入轴相连，而与泵轮及透平轮外壳无机械连接，故此时透平轮不转动，减速器输入轴也不转动，电动机可认为是空载启动。电动机启动后，带着泵轮和透平轮外壳不断提高转速，液力耦合器中的工作液体便被泵轮叶片驱动，速度和压力也不断增大，在离心力的作用下，沿泵轮工作腔的曲面流向透平轮，冲击其叶片，这就使透平轮上得到了转矩，当转矩足以克服透平轮上的负荷时，透平轮就带动工作机械一起运动，逐步上升到额定转速。其能量的传递过程是：电动机输出的机械能→泵轮机械能→工作液体动能→透平轮机械能。可见，在正常工况下，工作液体在液力耦合器中作由泵轮到透平轮又返回泵轮的环流运动，由于工作液体质点除绕联轴器进行旋转运动（牵连运动）外，还要在液力耦合器内进行环流运动（相对运动），因而液体质点的绝对运动轨迹是螺管状的复合运动，如图 2-13 和图 2-14 所示。

3. 液力耦合器的主要优点

① 提高了电动机的启动能力，改善了启动性能，减少了冲击。常用的鼠笼型电动机的启动力矩较小，采用液力耦合器之后，启动时，仅泵轮为电机的负载。电动机相当于空载启动，启动电流很小，节省电能。对于拖动转动惯量很大的负载则不必选比额定容量大得多的电动机。

另外在运动件中，不可避免地存在着间隙，如齿轮的齿侧间隙，链条中链环之间的间隙等。如无液力耦合器，电动机在启动瞬间，由于间隙的存在负载很小，因而加速很快，待间隙消除后，负载便突然加于动能很大的电机上，因而引起系统的冲击。设置液力耦合器之后，电机与负载之间是非刚性传动，能够吸收振动，减小冲击，使工作机械和传动装置平稳运行。

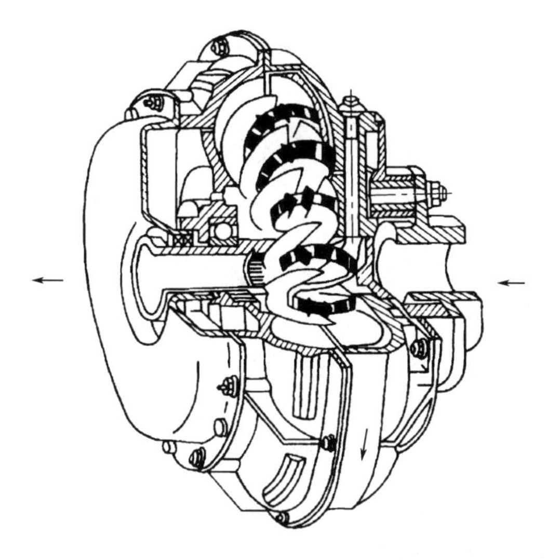

图 2-13　液力耦合器液流示意图

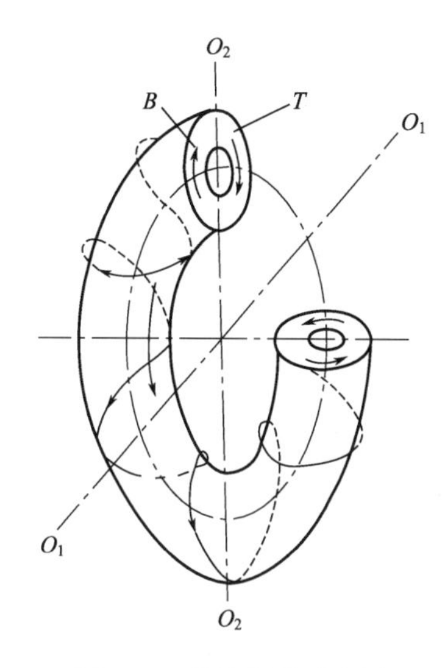

图 2-14　液流螺管示意图

② 对电动机和工作机械具有过载保护作用。在装有液力耦合器的传动系统中，当输送机过载时，透平轮的转速降低，透平轮与泵轮之间的滑差增大。长时间过载时，滑差会很大，有较大的相对运动，工作液体内摩擦增大，温度升高，当温度超过易熔合金保护塞的熔点时，保护塞熔化，工作液体从塞孔中喷出，泵轮空转，透平轮停止转动，从而使电动机和其他零件得到保护。

③ 多电机拖动系统中能使电机负荷分配均匀。在多电机拖动系统中，若一台电动机过载另一台电动机欠载，这样运转是极为不利的。当传动系统中加装液力耦合器之后，当各液力耦合器的注液量符合技术要求时，可使各电动机的负荷分配趋于均衡。并能减少对电网的冲击电流。

二、中间部

（一）溜槽

溜槽由中部槽、过渡槽、调节槽组成，其作用有两个：一是承载机构，把由采煤机采落下来的煤装进溜槽内，并经刮板链带走；二是支承机构，作为采煤机导轨，承受采煤机的全部重量。

溜槽的结构类型有敞底式和封底式，溜槽的形状如图 2-15 所示。敞底式溜槽结构简单，维修方便，但由于机体支撑面小，比压较大，易使下槽帮下沉陷入底板，造成回空链子不能正常运行，适于中硬以上底板的工作面使用。封底式溜槽适用于底板松软的工作面，整机稳定性好，可减小刮板链运行阻力，节省动力消耗 20%～30%，高产高效工作面的重型刮板输送机均使用封底式溜槽。但封底式溜槽在处理下链断链故障时比较困难，为方便检修，在溜槽中板中部设有检查窗口。常用的检查窗口有三种形式：一是横拉插板式（形状有矩形、梯形）；二是铰链折曲式；三是上下分体式溜槽结构。以上三种结构形式各有其优缺点，其中以第一种使用较多。一般每隔 3～5 节中部槽安装一个有检查窗的中部槽。

开底式溜槽，其结构如图 2-16 所示。它由两个Σ形槽帮钢、中板、支座、带有锥度的连接头等部件焊接而成。铺设时用专用螺栓把前后相邻的中部槽连接起来。带有锥度的连接

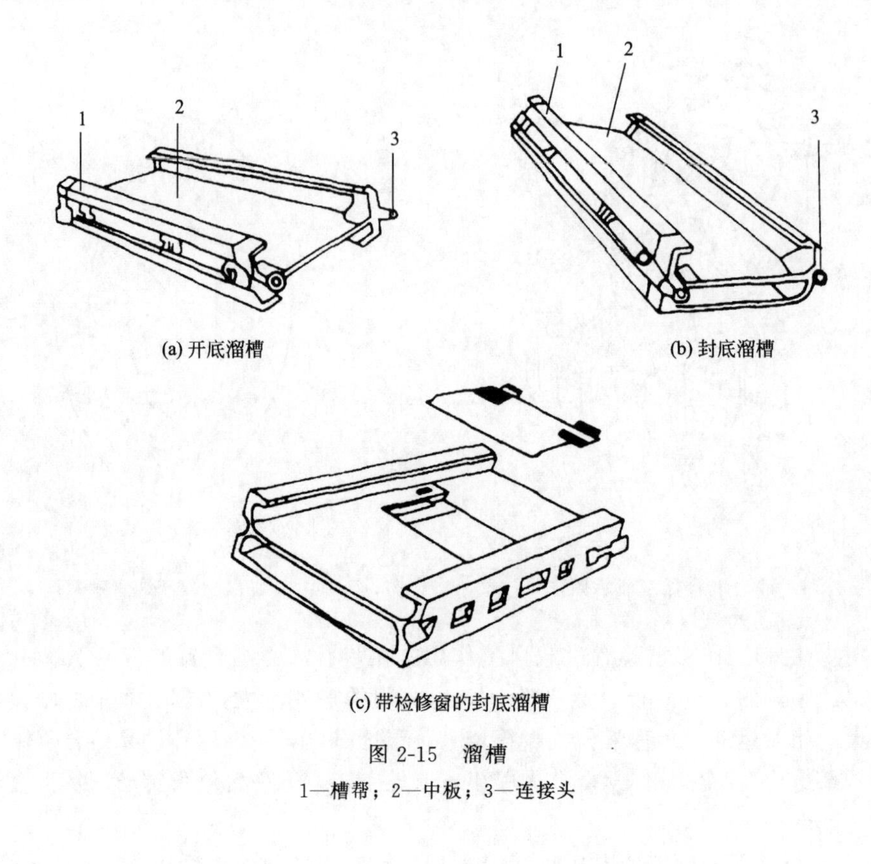

图 2-15　溜槽

1—槽帮；2—中板；3—连接头

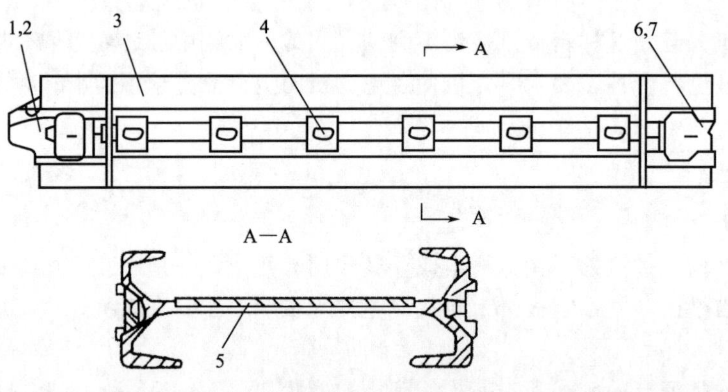

图 2-16　中部槽

1，2—高锰钢凸端头；3—槽帮钢；4—支座；5—中板；6，7—高锰钢凹端头

头可保持中部槽在水平和垂直方向上有3°左右的偏转角。在槽帮的外侧都焊有封闭式的、开有长方形孔的螺栓支座，以免固定挡煤板和铲煤板的螺栓在输送机运行中脱落。中部槽的长度一般为1.5m，调节槽长度有1m、0.5m两种，其结构与中部槽相比，除了长度短外，其他均相同。它的主要作用是当工作面长度有变化或输送机下滑时，用来适当地调节输送机的长度和机头、机尾传动装置的位置。调节槽侧帮可安装相应的挡煤板和铲煤板。

由于刮板输送机的机头和机尾一般较中部槽为高，所以设置了过渡槽，将机头和机尾与中部槽连接起来，以使输送机的刮板较平缓的抬高，减少运行中的阻力和磨损。

（二）刮板链

刮板链由链条和刮板组成，是刮板输送机的牵引构件。刮板的作用是刮推槽内的物料。目前使用的有中单链、中双链和边双链三种，如图 2-17～图 2-19 所示。

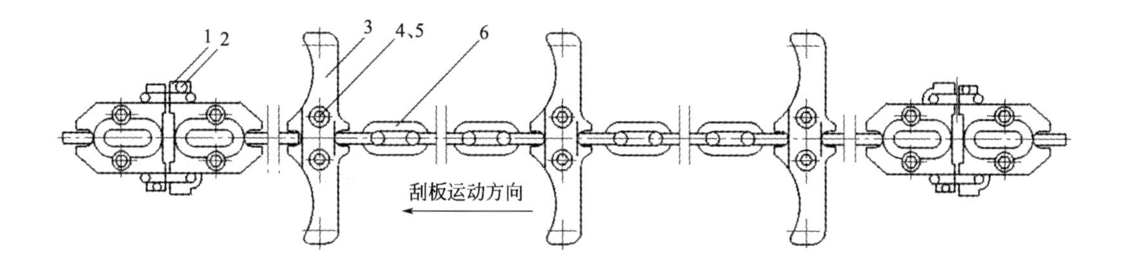

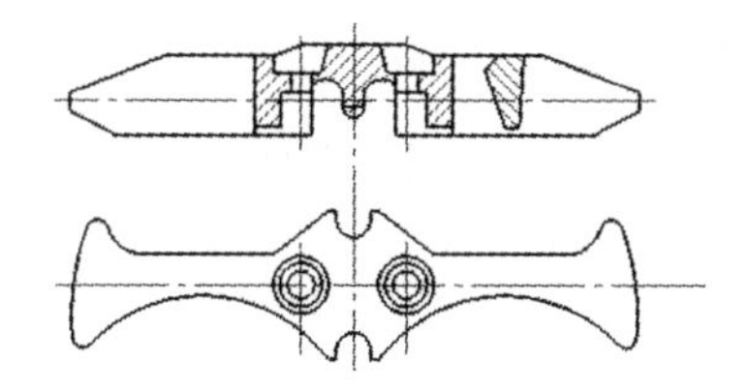

图 2-17　中单链式刮板链

1—接链器；2—开口销；3—刮板；4—U 形螺栓；5—自锁螺母；6—圆环链

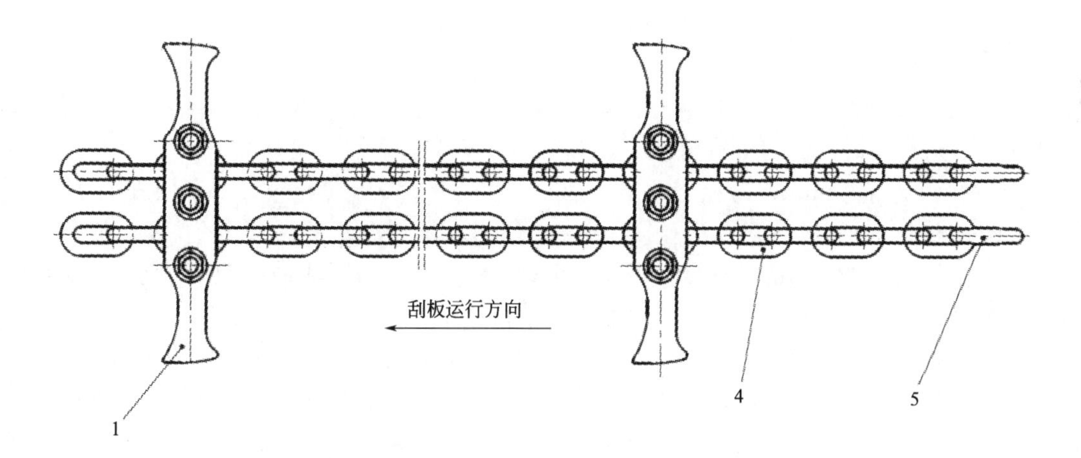

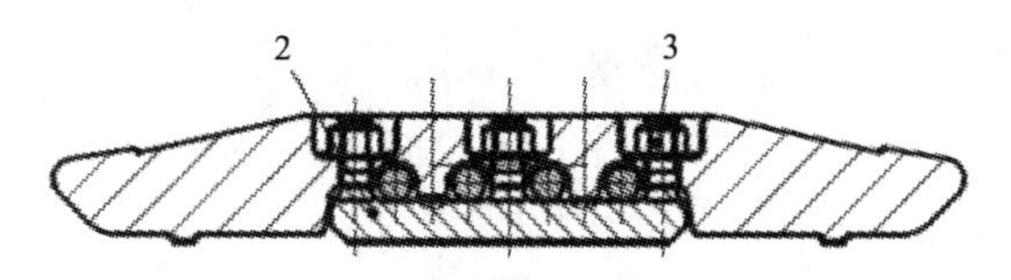

图 2-18　中双链式刮板链

1—刮板；2—螺栓；3—螺母；4—圆环链；5—接链环

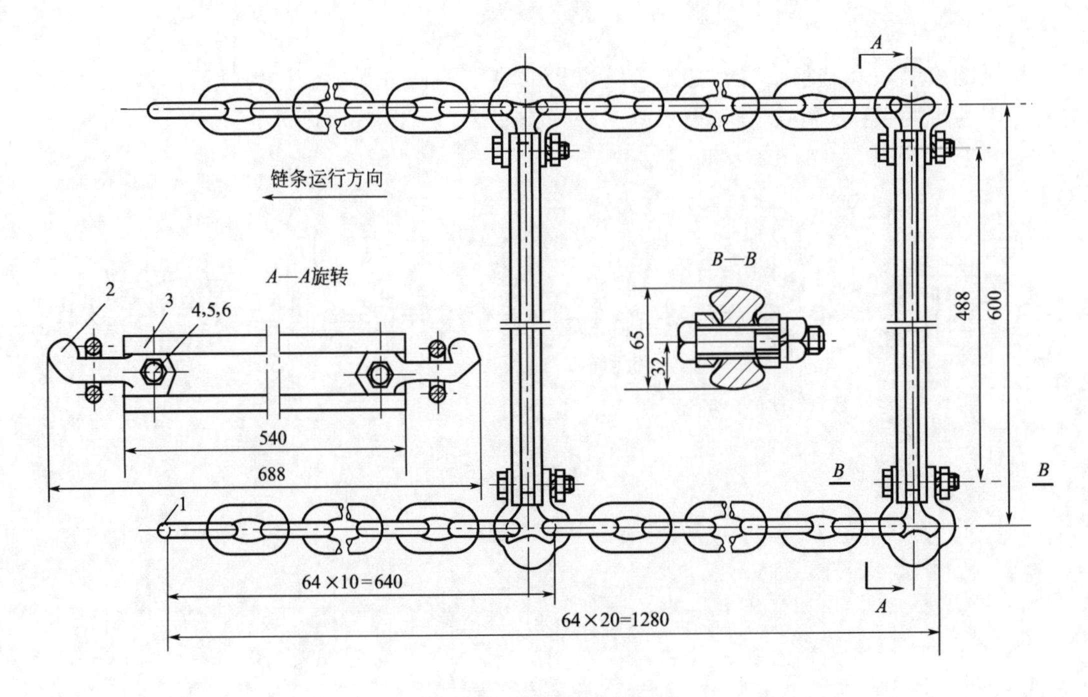

图 2-19 边双链式刮板链

1—圆环链；2—U形连接环；3—刮板，4，5，6—螺栓、螺母及弹簧垫圈

刮板链使用的链条，早期用板片链和可拆模锻链，现在都用圆环链。链条在运行中不仅要承受很大的静负荷和动负荷，在受滑动摩擦条件下运行，还要受矿水的浸蚀。因此目前使用的圆环链，都是用优质合金钢焊接而成，并经热处理和预拉伸处理，使之具有强度高、韧性大、耐磨和耐腐蚀的特性。

目前使用最广泛的是边双链，其中以短链段居多。如图 2-19 所示为 SGW-150 型刮板输送机短链段边双链的刮板链结构。它是由 $\phi18\times64$mm 短链段圆环链、U 形连接环和刮板组成。刮板间距为 1024mm，刮板链段长度为 $64\times32=2048$（mm）。圆环链是用直径为 18mm 的合金钢弯曲成一定尺寸后焊接而成的，其最小破断力为 350kN。链条和刮板是用连接环和螺栓等紧固件连接的。连接环是用合金钢模锻而成，其最小破断负荷不小于 350kN，这种连接环的薄弱环节是螺栓，工作中往往是螺栓首先破坏，以至影响链环。刮板为非对称工字形专用钢，它与溜槽底接触的一面带有斜度，其安装方向如图 2-19 中 B—B 剖面所示。安装时，螺栓头应朝运动方向，并使刮板与溜槽底的接触为线接触，这样就容易带走槽底的煤粉，以防止煤粉（特别是湿煤）堆积而妨碍刮板正常运转；在刮板输送机上溜槽上，连接环的凸起部分应该向上，且其竖链环的焊缝应向上，水平链环的焊缝应朝向溜槽中心线。为保证链条与链轮正常啮合，不允许链条有拧麻花的现象。紧链时，为了调节链子的长度，还备有 3 环、5 环、7 环、9 环、11 环等不同长度的调节链。

目前使用的三种刮板链，可作如下比较。边双链的拉煤能力强，特别是对大块较多的硬煤。但边双链两条链受力不均，特别是中部槽在弯曲状态下运行时更为严重；中单链用大直径圆环链，强度很高且没有受力不均问题，断链事故少，刮板遇到刮卡阻塞，可偏斜通过，刮板变形时不会导致过链轮时跳链。中单链的缺点是因链环尺寸大，所用链轮直径增大，机头、机尾的高度相应增加，拉煤能力不如边双链，特别是对大块较多的硬煤。中双链能较好地克服边双链受力不均的缺点，显示出它的优越性。

三、机尾部

机尾部的主要作用是构成输送机的回链部，将在机头部卸载后的刮板链再拉回机头部。机尾部分有驱动装置和无驱动装置两种。有驱动装置的机尾部，因尾部不需卸载高度，除了机尾架与机头架有所不同外，其他部件与机头部相同。无驱动装置的机尾部，尾架上只有供刮板链改向用的尾部轴部件。尾部轴上的链轮也可用滚筒代替。

四、附属装置

（一）挡煤板和铲煤板

在刮板输送机溜槽靠采空区一侧的槽帮上装有挡煤板，其作用是用以加大溜槽的装载量，提高输送机的运输能力，防止煤炭溢出溜槽。此外，在挡煤板上还设有导向管和电缆叠伸槽。导向管在挡煤板紧靠溜槽一侧，供采煤机导向用；电缆叠伸槽在挡煤板的另一侧，供采煤机工作时自动叠伸电缆用。

在输送机靠近煤壁一侧的溜槽侧帮上用螺栓固定有铲煤板，其作用是当输送机向前推移时，靠它将底板上的浮煤清理和铲装在溜槽中。挡煤板和铲煤板等附属装置与中部槽的连接如图 2-20 所示。

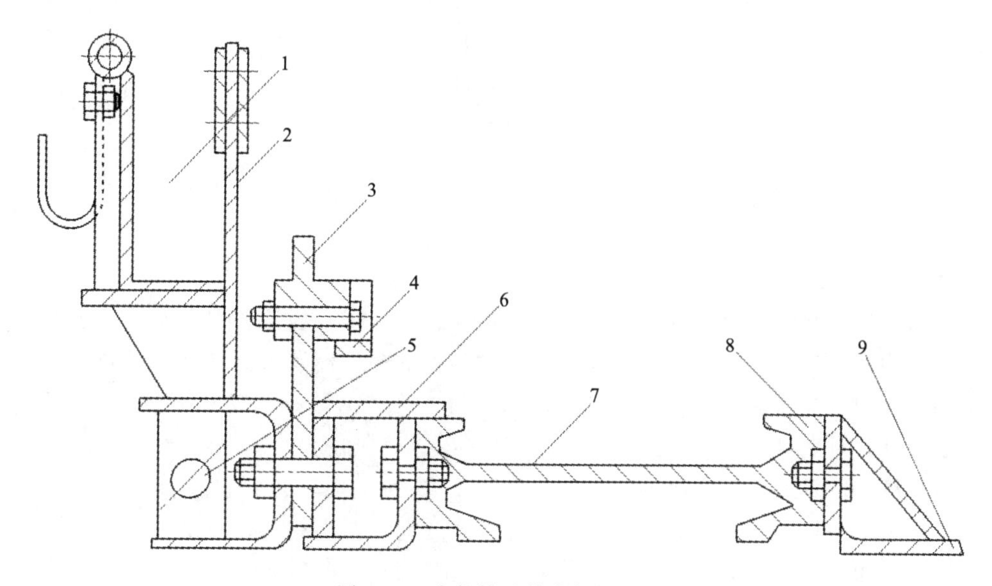

图 2-20　中部槽及其附件的连接

1—电缆槽；2—挡煤板；3—无链牵引齿条；4—导向装置；
5—千斤顶连接孔；6—定位架；7—中部槽；8—采煤机导轨；9—铲煤板

（二）防滑装置

当工作面倾角较大时，为了防止输送机在工作中下滑，设有防滑装置，如图 2-21 所示。防滑装置的横梁（防滑梁）用工字钢和两端支座焊接而成，其上穿有滑架。在滑架上的一端有推移架和可沿横梁滚动的滑滚，另一端有用销轴相连的连接链。在安装时，把滑架穿在横梁上，用支架把横梁固定在回风巷内，用连接链与机尾部的推移梁相连。在推移输送机时，滑架上的滑滚沿横梁向前滚动，当滑滚从横梁的一端移到另一端后，需把横梁移动到新的位置。

在移动横梁时，为了防止输送机下滑，应先在推移架上打支柱。使用时，推移架可与千斤顶相连，使滑滚在横梁上便于滚动，保证输送机的正常推移。

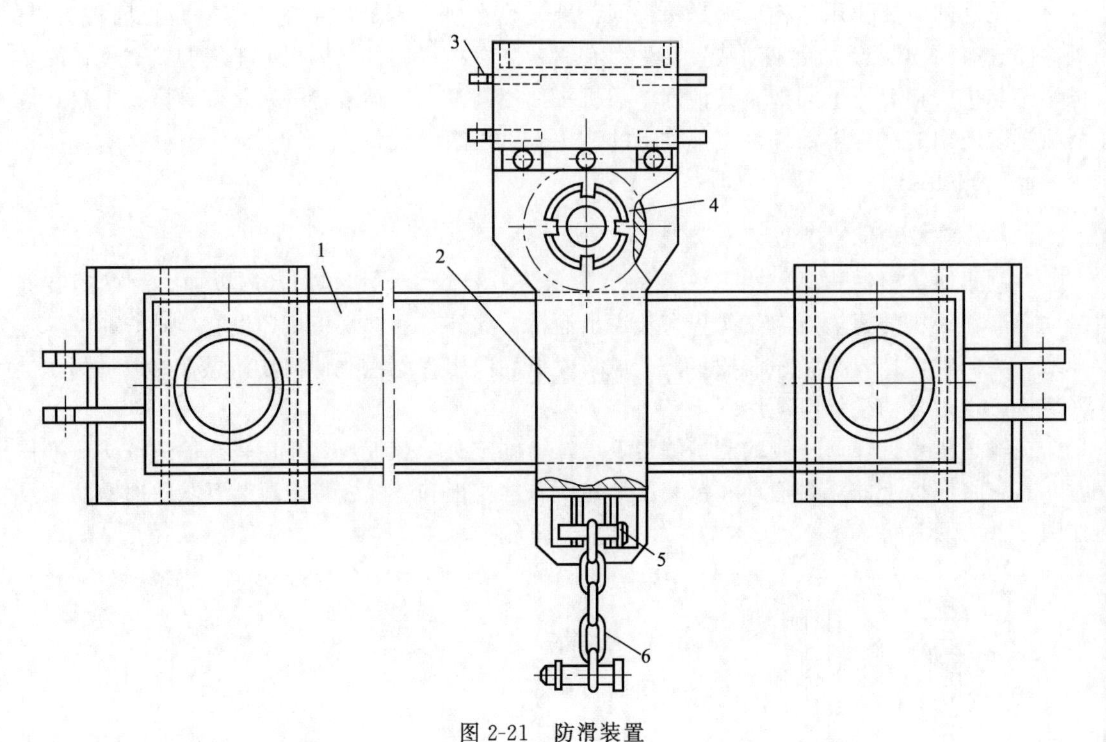

图 2-21 防滑装置

1—横梁；2—滑架；3—推移梁；4—滑滚；5—销轴；6—连接链条

（三）紧链装置

为保证圆环链与链轮之间的正常啮合，防止事故和延长刮板链的使用寿命，必须使刮板链处于合适的张紧程度。紧链装置就是用来拉紧刮板链的，使刮板链具有一定的预紧力。

早期的轻型刮板输送机，用改变机尾轴位置的办法人力紧链。现在都采用定轴距紧链，目前应用的方式有三种。一种是将刮板链一端固定在机头架上，另一端绕经机头链轮，用机头部的电动机使链轮反转，将链条拉紧，如图 2-22 所示。电动机停止反转时，立即用一种制动装置将链轮闸住，防止链条回松。另一种方式与前种基本相同，只是不用电动机反转紧链，而用专设的液压马达紧链。第三种是采用专用的液压缸紧链。

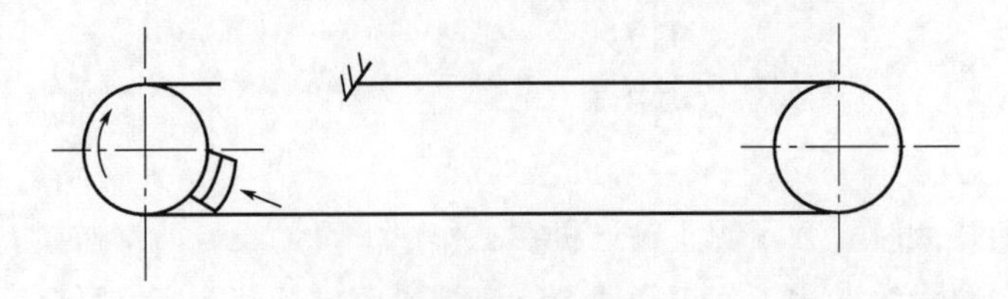

图 2-22 链轮反转紧链示意图

第一种紧链方式使用的紧链器有两种：棘轮紧链器、摩擦轮紧链器。棘轮紧链器如图 2-23 所示，紧链器主要由导向杆、底座、棘轮和插爪组成。这种紧链器是一种辅助装置，它安装在机头传动装置减速器的第二根轴上。通过插爪和棘轮实现机器的单向制动，并与紧链挂钩配合使用，完成输送机的紧链工作。

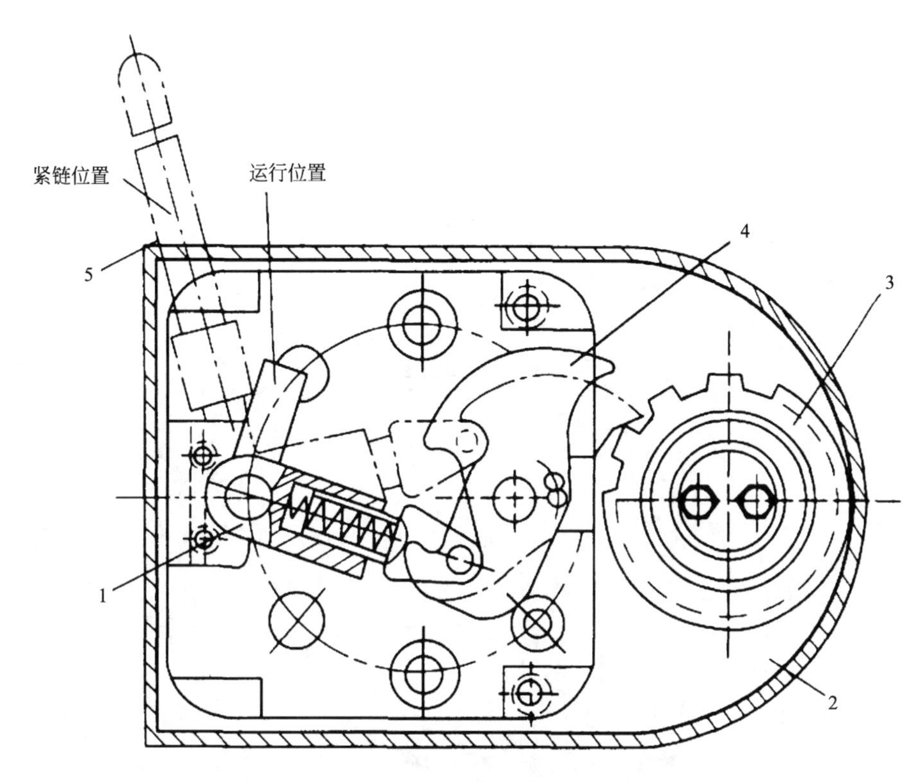

图 2-23　可弯曲刮板输送机的棘轮紧链器

1—导向杆；2—底座；3—棘轮；4—插爪；5—扳手

紧链时把两条紧链钩的一端插在机头架左右侧板的圆孔内；另一端插在刮板链条的立环中。然后用扳手将紧链器插爪扳在紧链位置开反车，使传动装置处的底链通过链轮向上链运行，当链子张紧到一定程度时即停车，这时插爪插入棘轮槽内使机器制动，然后把多余的链子卸掉并接好，再用扳手扳动插爪使其与棘轮脱开。如不能脱开，可再点动开反车的同时用扳手扳动插爪，当扳手脱开后，再正向点动开车，取下紧链挂钩即可正常运转。链条的张紧程度，以运转时机头链轮下方链子稍有下垂为宜。

用棘轮紧链器紧链时，刮板链的松紧程度不能自动控制，要依靠人的经验判断。刮板链过紧会因初张力太大而增大功率损耗，缩短链环寿命，过松会使链子堵塞在拨链器里，引起断链、跳牙和落道等事故。一般在满负荷的情况下，以刮板链在机头下面的松弛量不大于两个链环为宜。紧链时，要特别注意紧链器扳手位置，否则会发生拉断链条、烧毁电动机或损坏减速器等事故。

摩擦轮紧链器如图 2-24 所示，装在减速器两轴的伸出端，制动轮固定装在两轴端，闸带环绕在制动轮外缘。制动时使用把手经凸轮和拉杆将闸带拉紧，在制动轮缘上产生摩擦制动力。紧链操作与棘轮紧链器不同的是，紧链时需由两人配合操作，一人开动电动机，一人操作凸轮手把。断电时，立即扳动凸轮，用闸带将制动轮闸住。紧链结束时，仅由一人扳转凸轮，松开闸带即可。摩擦轮紧链器比棘轮紧链器操作安全，它在减速器的安装位置与棘轮紧链器相同。

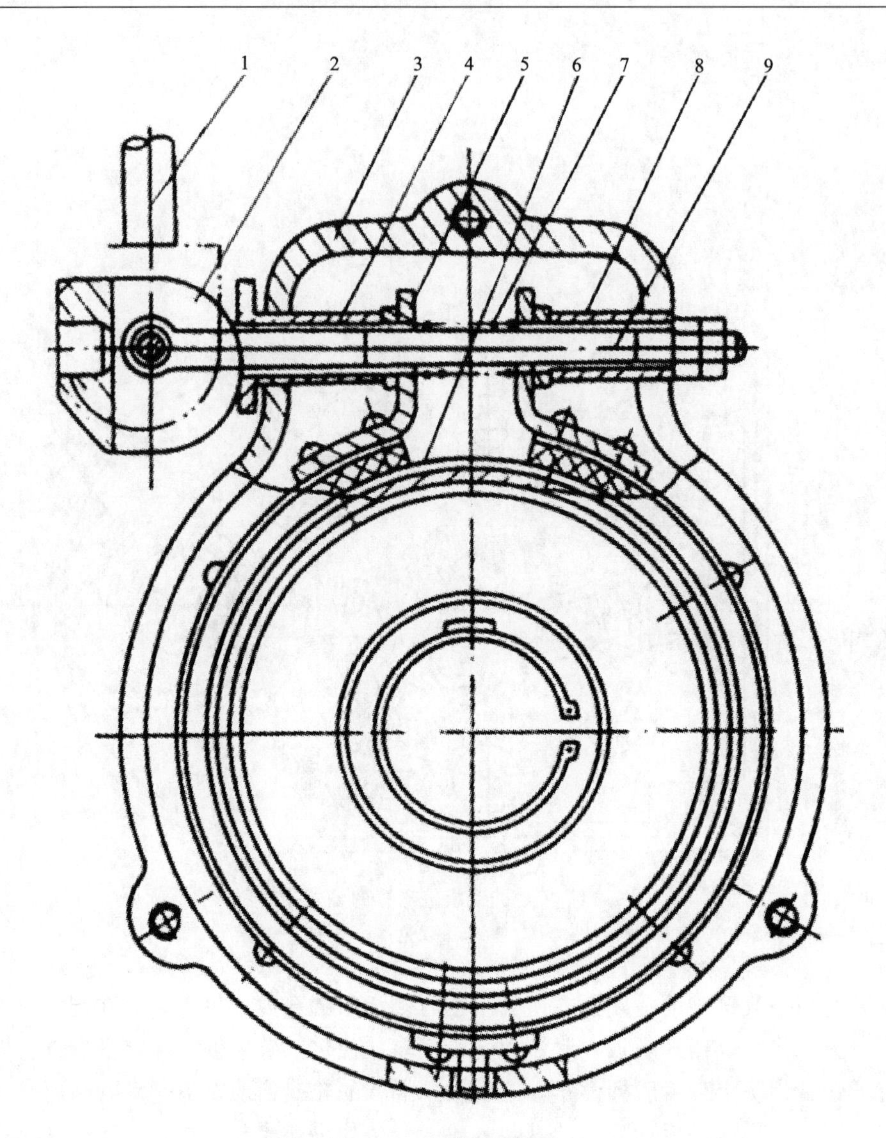

图 2-24 摩擦轮紧链器

1—手把；2—偏心轮；3—外壳；4、8—套；5—闸带；
6—制动轮；7—弹簧；9—拉杆

第二种紧链方式使用的液压马达，安在连接筒上，减速箱一轴上装紧链齿轮，如图 2-25 所示。紧链时，将操作手把扳到紧链位置，惰轮将主减速器一轴上的紧链齿轮与紧链减速器上齿轮啮合。手动换向阀搬到紧链位置，压力液经梭阀进入液控锁，克服弹簧压力，使插爪从齿槽中脱出，与此同时液压马达供压力液，液压马达带动机头链轮反转紧链，张紧力的大小用溢流阀调节，由压力表上的读数经换算得到。紧链运转时，压力表上升到规定的压力值，即表明已达到了规定的紧链力。将手动换向阀搬到中间位置，马达停止，液控锁卸压，在弹簧作用下，插爪插入齿轮的齿槽，刮板链保持张紧状态。拆去多余的链段，接好链子后，将手动换向阀扳到运转位置，液压马达带动接好的刮板链运转，紧链挂钩松开后，停止马达运转，卸除紧链挂钩，惰轮脱开紧链齿轮，关断截止阀，完成紧链操作。

第三种紧链方式是使用单独的液压缸紧链器。这种紧链器是一个带增压缸的液压千斤顶

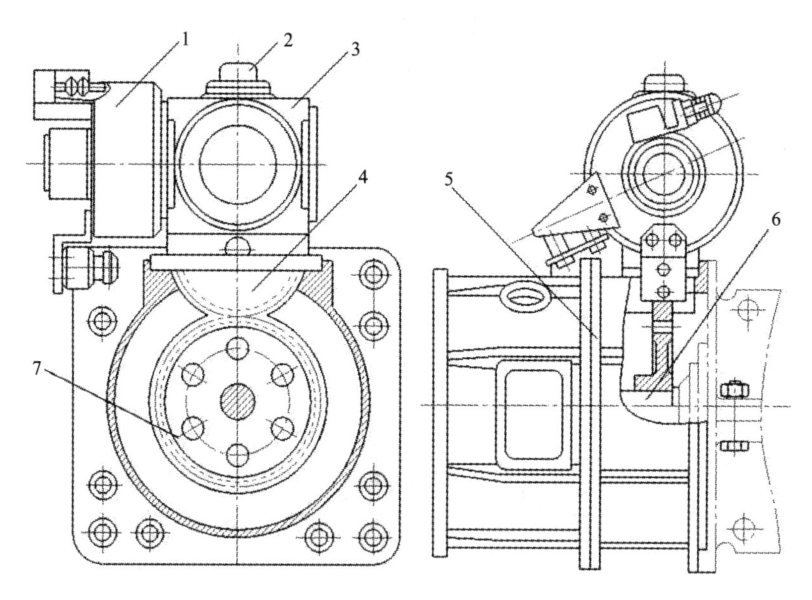

图 2-25　液压马达紧链装置

1—液压马达；2—液控机械闭锁装置；3—齿轮箱；4—惰轮；5—联接阀；6—减速器输入轴；7—紧链齿轮

装置，由泵站供给压力液，紧链时需要将它抬到紧链位置使用。

上述各种紧链装置中，棘轮紧链器和摩擦紧链器结构简单，使用方便，但不能显示出链子张力的大小。其余都能显示和准确控制链子的张力。液压马达紧链装置的操作简单，安全性高。液压缸紧链器使用虽不方便，但它可以移到任何部位使用。

（四）推移装置

推移装置是在采煤工作面内将刮板输送机向煤壁推移的机械。综采工作面，使用液压支架上的推移千斤顶；非综采工作面用单体液压推溜器或手动液压推溜器。

单体液压推溜器如图 2-26 所示，它实为一个液压千斤顶。为便于在采煤工作面使用，采用内回液结构，即经活塞杆的心部回液，没有外露的回液管。使用时，将推溜器的活塞杆用插销连接在中部槽挡煤板上，再将其底座用支柱撑在顶板上。扳动操纵阀，向活塞一侧注入压力液，活塞杆就将中部槽推向煤壁；向活塞的另一侧注压力液，缸体和支座向前收回。

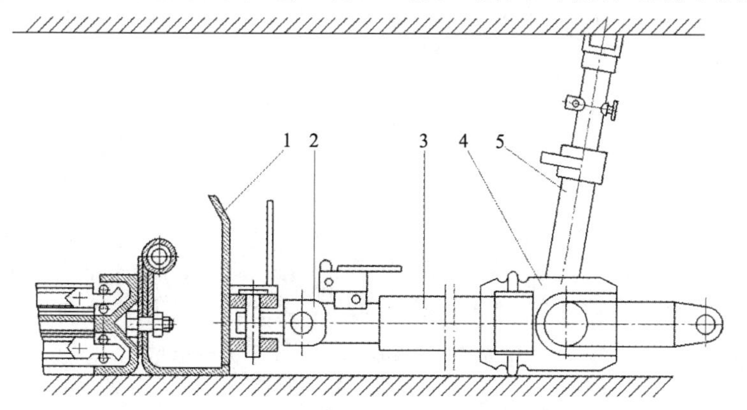

图 2-26　单体液压推溜器安装图

1—挡煤板；2—活塞杆接头；3—缸体；4—底座；5—斜撑支柱

单体液压推溜器在采煤工作面的布置如图 2-27 所示。间隔一定距离装设一个推溜器；压力液由设在顺槽内的泵站，经高低压管路循环。如采用外注式的液压推溜器，用注液枪注液，不需在推溜器上连接固定管路。液压推溜器使用的液体为含 35%乳化油的中性水溶液。

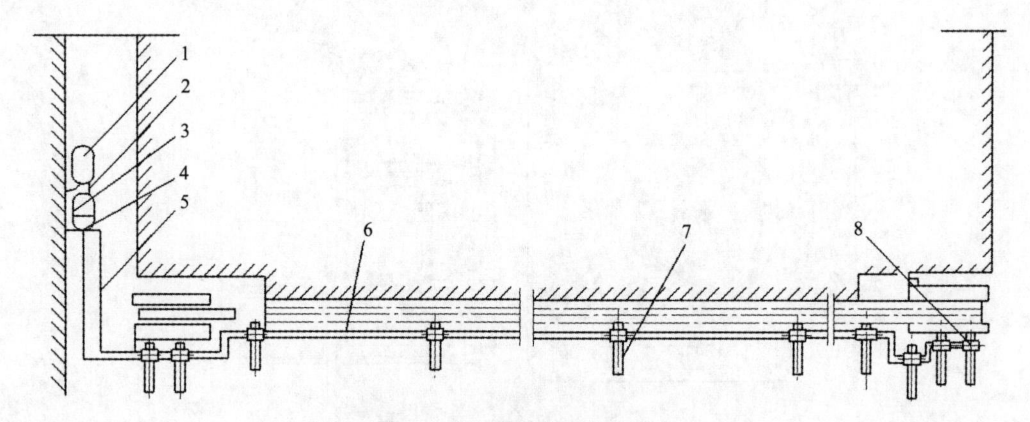

图 2-27 单体液压推溜器的布置

1—乳化液泵；2—吸液管；3—排液管；4—液箱；5—高压管；6—低压管；7—推溜管；8—螺栓

分任务三 刮板输送机的维护

任务描述

掌握刮板输送机的维护方法。

能力目标

① 能说出刮板输送机日常维护的内容；

② 能说出刮板输送机的常见故障并能分析排除。

相关知识链接

一、刮板输送机日常维护内容

1. 维护的目的和意义

(1) 维护的目的

维护的目的是及时处理设备运行中经常出现的不正常的状态，保证设备的正常运行。它包括更换一些易损件，调整紧固和润滑注油等，使刮板输送机始终保持在完好的状态下运行。它实际上是一种预防设备发生事故、提高运行效率和延长设备的服务寿命的一种重要措施。

(2) 意义

机械磨损会使刮板输送机的性能随着使用时间的延长而逐渐变差。维护的意义就是利用检修手段，有计划地事先补偿设备磨损、恢复设备性能。维护工作做得好，设备使用的时间就长。

2. 维护内容

维护包括巡回检查和定期检修两个内容。

(1) 巡回检查

通过定期巡回检查可发现许多故障，将故障处理在发生之前。

巡回检查一般是在不停机的情况下进行，个别项目可利用运行的间隙时间进行，每班检查次数不应少于两或三次。检查内容包括易松动的连接件，如螺栓等紧固件；发热部位，如轴承等温度的检查（不超过65～70℃）；各润滑系统，如减速器、轴承、液力耦合器等的油量是否适当；电流、电压值是否正常，各运动部位有否振动和异响，安全保护装置是否灵敏可靠，各摩擦部位的接触情况是否正常等。

检查方法一般是采取看、摸、听、嗅、试和量等办法。看是从外观检查；摸是用手感触其温升、振动和松紧程度等，听是对运行声音的辨别；嗅是对发出气味的鉴定，如油温升高的气味和电气绝缘过热发出的焦臭气味等；试是对安全保护装置灵敏可靠性的试验，量是用量具和仪器对运行的机件，特别是对受磨损零件做必要的测量。

巡回检查还包括开机前的检查。在开机之前，首先，要对工作地点的支架和巷道进行一次检查，注意刮板输送机上是否有人工作或有其他障碍物，检查电缆是否卡紧，吊挂是否合乎要求。若无问题，则点动输送机，看其运行是否正常。接着应对机身、机头和机尾进行重点检查。

(2) 定期检修

定期检修是根据设备的运行规律，对其进行周期性维护保养，以保证设备的正常运行。对刮板输送机，一般可分为日检、周检和季检等。

① 日检。

日检即每日由检修班进行的检修工作。日检除包括巡回检查的内容外，还需更换一些易损件和处理一些影响安全运行的问题。重点应检查如下各项：

a. 更换磨损和损坏的链环、接链环和刮板；

b. 处理减速器和液力耦合器的漏油；

c. 检查溜槽（特别是过渡槽）、挡煤板及铲煤板的磨损变形情况，必要时进行更换；

d. 检查拨链器的工作情况（主要是紧固和磨损）。

② 周检。

周检是每周进行一次的检查和检修工作。周检除包括日检的全部内容外，主要是处理一些需停机时间较长的检查维护项目。重点的检修项目是：

a. 检查机头架和机尾架有无损坏和变形情况；

b. 检查连接减速器的底脚螺栓和液力耦合器的保护罩两端的连接螺栓是否紧固；

c. 通过电流表测查液力耦合器的启动是否平稳，各台电动机之间的负荷分配是否均匀，必要时可以通过注油进行调整；

d. 检查减速器内的油质是否良好、油量是否合适，轴承、齿轮的润滑状况和各对齿轮的啮合情况；

e. 测量电动机绝缘，检查开关触头及防爆面的情况；

f. 检查拨链器和压链块的磨损情况；

g. 检查铲煤板的磨损情况及其连接螺栓的可靠性。

③ 季检。

季检为每隔三个月进行一次的检修工作，主要是对一些较大的和关键的机件进行更换和处理。它除包括周检的全部内容外，还包括对橡胶联轴器、液力耦合器、过渡槽、链轮和拨链器等进行检修更换，并对电动机和减速器进行较全面的检查和检修。

④ 大修。

当采完一个工作面后，将设备升井进行全面检修。具体工作如下：

a. 对减速器、液力耦合器进行彻底清洗、换油；

b. 检查电动机的绝缘、三相电流的平衡情况，并对电动机的轴承进行清洗；

c. 对损坏严重的机件进行修补、校正、更新。

3. 润滑注油

润滑注油是对刮板输送机进行维护的重要内容。保持刮板输送机经常处在良好的润滑状态，就可以控制摩擦，达到减轻机件磨损、延长使用寿命和提高运行效率的目的。良好的润滑还可以起到对机件的冷却、冲洗、密封、减振、卸荷和保护及防锈蚀等作用。

二、刮板输送机常见故障处理

对刮板输送机加强维护、坚持预防性检修，使其不出或少出故障，是当前机电管理工作中的重要一环。但由于管理和维修水平以及设备本身的结构性能等方面的原因，刮板输送机在运行中发生故障是难免的。问题是当这些故障发生之后，如何能做到正确判断、迅速处理，把事故的影响缩小到最低限度。

1. 判断故障的基本方法

只有正确地判断故障，才有可能做到正确地处理故障，尤其是对于保护装置完善和技术结构条件比较复杂的刮板输送机更是如此。

(1) 工作条件

对一个故障的正确判断，首先要注意刮板输送机所处的工作条件。工作条件不但是指刮板输送机所处的工作地点、环境及负荷状态，也包括对它的维护情况、已使用的时间和机件的磨损程度等。把工作条件与刮板输送机的结构特点、性能和工作原理结合起来分析考虑，即可做出较正确的判断。

(2) 运行状态

刮板输送机的运行状态（包括故障预兆显示）是通过声音、温度和稳定性这三个因素表现出来的。这三个因素是互相关联而不是孤立存在的。对于不同的机件、不同的故障类型以及故障发生的部位不同，三个因素的突出程度有所不同。零件的损坏，除已达到了正常的使用寿命，即已达到了服务年限而未被更换外，多是由于超负荷运行引起的。而负荷增大就会表现出运行声音的沉重和温度的增高。当负荷超出一定范围时，机件就会显示出运行不稳定，直到损坏。因此，掌握机器的运行声音、温度和稳定性，是掌握机器的运行状态、判断故障的重要依据。

如上述可知，声音的掌握靠听觉；稳定性的掌握靠视觉和用手触及的感觉，也常与声音结合判断；温度的掌握是很重要的，因为所有机件故障的发生，除突然故障造成的损坏外，大多伴有温度的升高，所以维护人员要在没有温度仪器指示的情况下，掌握温度判断的技术。

（3）表现形式

刮板输送机在运行中发生的故障有时不是直观的，也不可能对其组件立即做全部解体检查，在这种情况下，只能通过故障的表现形式和一些现象进行分析和判断。刮板输送机的每一个故障的发生，按其发生的部位、损坏形式的不同，都会有一定的预兆显示。掌握了这些不同特点的预兆，往往可将事故消除在发生之前。若故障已经发生，则可根据这些预兆现象查明原因，迅速做出判断和正确处理，将因此而产生的影响缩到最小，并将引起事故的根源清除。

2. 常见故障及处理方法

常见故障及处理方法见表 2-2。

表 2-2 常见故障及处理方法

故障现象	故障征兆	故障原因	预防措施	处理办法
刮板输送机断链	（1）刮板输送机在运转时，刮板链在机头底下突然下垂或堆积。 （2）边双链刮板输送机一侧刮板突然歪斜	（1）链条在运行中突然被卡住。 （2）链条过紧。 （3）链条过松或磨损严重，或两链条长短不一。 （4）装煤过多，在超载情况下启动电动机。 （5）两链条的链环节距不一样。 （6）牵引链的连接螺栓丢失。 （7）变形链环多。 （8）工作面底板不平。 （9）回空链带煤过多。 （10）井下腐蚀性水使链条锈蚀或产生裂隙	（1）坚持使用联轴节。 （2）使用一段时间后，将刮板链翻转后使用。调换水平链环和垂直链环的位置。 （3）若溜槽内压煤太多或底槽带煤太多，组织人力清除，或设专人掏空机头第二节溜槽底部。 （4）及时调整刮板链的松紧和更换变形的刮板、链环、连接环。 （5）使用断链保护装置	首先停止运转，找出刮板链折断的地方。如果上溜槽无断链，就是断底链。底链经常断在机头或机尾附近。断底链的处理方法可参照掉底链的处理方法，将卡紧的刮板拆掉，返回上槽处理
刮板输送机掉链	刮板输送机在正常运行时，突然链速不均，这就是刮板链脱离了链轮，在非正常状态下运转	（1）机头不正，机头第二节溜板或底座不平，链轮磨损超限或咬进杂物，都可使刮板链脱出轮齿。 （2）边双链的刮板链两条链的松紧不一致，刮板严重歪斜。 （3）刮板太稀或过度弯曲	（1）保持机头平直，垫平机身，使机头、机尾和中部槽形成一条直线。 （2）对无动力传动的机尾可把机尾链轮改为带沟槽的滚筒。 （3）防止链轮咬进杂物，如发现刮板链下有矸石或金属杂物，应立即取出。 （4）边双链的刮板链长短调整一致，过度弯曲的刮板要及时更换，缺少的刮板要补齐	因链轮咬进杂物而造成掉链，可以反向断续开动或用撬棍撬，刮板链就可上轮。如果掉链时链轮咬不着链条，即链轮能转而链条不动时，只可用紧链装置松开刮板链，然后使刮板链上轮。 当边双链的刮板输送机的一条刮板链掉链（里侧），可在两条刮板链相对称的两个内环之间支撑一根硬木，然后启动刮板输送机，掉下的一侧就可上轮
刮板输送机飘链	（1）电动机发出尖锐且十分费劲的响声。 （2）刮板刮煤太少，2min 或 3min 仍不见大量煤过来	（1）输送机不平、不直，出现凹槽。 （2）刮板链太紧，把煤挤到溜槽一边。 （3）刮板链在煤上运行。 （4）刮板缺少或弯曲太多。 （5）刮板链下面塞有矸石	（1）经常保持刮板输送机平、直。 （2）刮板链要松紧适当。 （3）煤要装在溜槽中间。 （4）弯曲的刮板要及时更换，缺少的刮板要及时补上。 （5）在煤中夹有矸石或拉上坡时，可以加密刮板。 （6）刮板输送机的机头、机尾略低于中部溜槽，呈桥形	发现刮板链飘出之后，首先停止装煤，然后对刮板输送机的中间部进行检查。如果不平，应将中间部垫起。放煤时如果冲击力太大，常靠一边时，可在放煤口的溜槽帮上垫上一块木板，或铺一块搪瓷溜槽，使煤经过木板或搪瓷溜槽减少冲力，煤流到溜槽中间

续表

故障现象	故障征兆	故障原因	预防措施	处理办法
刮板输送机刮板链底链出槽	电动机发出十分沉重的响声，刮板链运转逐渐缓慢，甚至停转。如果不是负荷过大，被煤埋住，就是底链出槽。边双链易发生这种事故	(1)刮板输送机本身不平直，上鼓下凹，过度弯曲。 (2)溜槽严重磨损。 (3)两条链条长短不一，造成刮板歪斜或因刮板过度弯曲使两条链条的链距缩短	(1)经常保持刮板输送机平、直。 (2)刮板链松紧要适当。 (3)刮板歪斜、两条链条长短不一的要及时调好。 (4)严重磨损的溜板，特别是调节槽要及时更换	(1)在生产班中发现底链出槽后，应将溜槽垫平(特别是调节槽)，将溜槽里的煤运干净，再将输送机打倒车，在一般情况下底链出槽段经过机尾处都能恢复正常。 (2)如果溜槽严重磨损，甚至卷帮、断裂就必须更换。更换溜槽一般在检修班进行
刮板输送机保险销切断	电动机仍然转动，而机头轴或刮板链不动	(1)压煤过多。 (2)矸石、木棒及金属杂物被回空链带进底板，卡住刮板链，阻力过大。 (3)保险销磨损。 (4)中部板磨损卡住刮板	(1)启动刮板输送机前要将刮板链调节好，使其松紧适当。 (2)掏清机头、机尾煤粉。 (3)如有矸石、木棒或其他杂物要及时清出。 (4)装煤不要太多。 (5)中部溜槽要搭接严密，如有坏槽要及时更换。 (6)保险销需用低碳钢制造并要经常检查，磨损超限要及时更换，保证销与销轴的间隙不大于1mm	(1)保险销切断后，剩余长度大于20mm时，将原保险销往里插一下继续使用。 (2)保险销切断后，剩余长度小于20mm时，更换新的保险销
刮板输送机减速器过热、漏油和响声不正常	(1)发出油烟气味和“吐噜、吐噜”的响声。 (2)手摸时灼手。 (3)外部和下部底板有油渍	(1)齿轮磨损过度；啮合不好；修理组装不当。 (2)轴承损坏或串轴。 (3)油量过少或过多，油质不干净。 (4)联轴节安装不正，地脚螺栓松动，超负荷运行	坚持定期检修制度，经常检查齿轮和轴承磨损情况，可打开减速器箱体检查孔，用木棒卡住齿轮使它固定，再转动联轴节，如果活动过大，就是固定键活动或齿轮磨损。另外注意各处螺栓是否松动，要保持油量适当，联轴节间隙要合适	拧紧各处螺栓，补充润滑油，锥齿轮轴承损坏时，可以连同轴承座一起更换，新更换的锥齿轮要注意调整好间隙
刮板输送机电动机过热		(1)启动过于频繁，启动电流大，熔丝(片)选用过大，电动机长时间在启动电流下工作。 (2)超负荷运转时间太长。 (3)电动机散热状况不好。 (4)轴承缺油或损坏。 (5)电动机输出轴连接不同心，或地脚螺栓松动、振动大、机头不稳		(1)停止输送机运转，临时取下保险销，使电动机空转，依靠风叶自行冷却。 (2)减少启动次数，使各部位故障全部消除后再一次性启动。 (3)减轻负荷，缩短超负荷运转时间。 (4)检查电动机冷却水是否畅通，调整水压达到要求值，及时更换被打断的风叶，消除电动机上的浮煤和杂物。 (5)给轴承加油或更换新轴承。 (6)重新调整装配

续表

故障现象	故障征兆	故障原因	预防措施	处理办法
刮板输送机电动机响声不正常		(1)单相运转。 (2)负荷太重		(1)检查供电是否缺相。 (2)检查各部接线是否正确,有无断开。 (3)检查三相电流是否平衡。 (4)检查三相电流是否大于额定电流。 (5)检查电动机轴承是否损坏,从而造成电动机转子扫膛。 (6)如因片帮、冒顶将输送机压死,应人工清除后再运行
刮板输送机电动机不能启动		(1)供电电压太低。 (2)负荷太大。 (3)变压器容量不足,启动电压降太大。 (4)开关工作不正常。 (5)机头、机尾电动机间的延时太长,造成单机拖动。 (6)回采工作面不直,凸凹严重。 (7)运行部件有严重卡阻。 (8)电动机本身的故障		(1)提高供电电压。 (2)减轻负荷。 (3)加大变压器容量。 (4)检修调试开关。 (5)缩短延时时间。 (6)调整修平工作面,使其尽量平直。 (7)检查排除卡阻部位。 (8)检查绝缘电阻、三相电流、轴承等是否正常
熔断器熔丝烧断		(1)压煤过多,负荷过大,连续强制启动。 (2)启动器、电动机、电缆因严重潮湿漏电或短路。 (3)熔丝选择容量过小。 (4)线头、熔丝的两端螺栓或夹子松动。 (5)启动器内部接触器接触不良。 (6)刮消弧罩或因机械部分刮卡	(1)煤要装均匀,不要压煤太多,输送机停止运转时不要装煤。 (2)如果机械部分或电动机发生故障应及时处理,不要强制启动。 (3)定期检修启动器,安装合格的熔丝(片),并注意在更换熔丝(片)时,不要拧得过松或过紧	首先切断电源,用便携式瓦斯测定器检查周围瓦斯,不超过规定时,再打开隔爆启动器,用验电笔检验无电后,再放电,换上合格的备用熔丝(片)

分任务四　刮板输送机的安装与运转

任务描述

掌握刮板输送机的安装顺序和方法。

能力目标

① 能掌握刮板输送机的安装顺序;
② 能说出刮板输送机安装时的注意事项;
③ 能掌握刮板输送机运转调试方法。

相关知识链接

一、刮板输送机的安装

（一）安装前的准备工作

① 刮板输送机在运往井下之前，参加安装、试运转的工作人员应熟悉该机的结构、动作原理、安装程序和注意事项。

② 按照制造厂的发货明细表，对各部件、零件、备件以及专用工具等进行核对检查，应完整无缺。

③ 在完成上述检查之后，在地面对主要传动装置进行组装，并作空负荷试运转，检查无误时方能下井安装。

④ 现场安装前对一切设备再进行一次检查，特别是对传动装置，包括电动机、减速器、机头轴等应重点进行检查，若发现有损坏变形部件应及时进行更换。

⑤ 对于不便拆卸和需要整体下井的部件，在矿井条件允许的情况下，应整体运送。在运送前，对整体部件的紧固螺栓应连接牢固。各零部件下井之前，应清楚地标明运送地点(如下顺槽或上顺槽等)。

⑥ 准备好安装工具及润滑脂。

⑦ 不管在运输顺槽或工作面，铺设刮板输送机的机道要求平直。

（二）铺设安装

根据各矿井运输条件和工作面特点，从实际出发，决定工作面刮板输送机的铺设安装方法。一般情况下应首先把机尾部、机尾传动装置和挡煤板、铲煤板等附件运到上顺槽，把机头架、机头传动装置、机头过渡槽，以及全部溜槽和刮板链等组件都运到下顺槽。然后按安装次序将所有溜槽及刮板链依次运进工作面，并在安装位置排开。铲煤板、挡煤板及其他附件，待输送机主体安装并调整好后，由输送机从上顺槽运到安装位置。为安全起见，当从输送机上卸这些附件并向机体安装时必须停机。在将全部零部件运往安装位置时，要注意零件的彼此安装次序和它本身的方向正确。

1. 机头部的安装

机头部的安装质量与刮板输送机是否平稳运行关系很大，必须要求其稳固、牢靠。主要技术要求如下。

① 机头架上的主轴链轮未挂链之前，应保证其转动灵活。

② 装链轮组件时，要保证边双链的两个链轮的轮齿在相同的相位角上，否则将会影响刮板链的传动，并可能造成事故。

③ 起吊传动装置的起吊钩要挂在电动机和减速器的起重吊环上，切不可挂在连接罩上。

④ 传动装置被起吊后，用撬杠等工具将其摆正，再用木垛、木楔等物垫平。

⑤ 减速器座与机头架连接处应安装垫座，座的作用一般是使传动装置与机身保持一定距离，便于采煤机能骑上机头，实现自动开切口。

⑥ 将减速器外壳侧帮耳板上的 4 个螺孔处穿入地脚螺栓，把它们固定在机头架的侧帮上。电动机通过连接罩与减速器固定并悬吊起来。

⑦ 最后按安装中线再一次用撬杠将机头摆正。按安装中线校正机头的方法是：一个人

站在机头架的中间处，同时，另一个人站在机尾处用矿灯对照，借助光线使机头架的中心线与机道的安装中心线重合即可。

2. 中间部及机尾部的安装

过渡槽安装好之后，将刮板链穿过机头架并绕过主动轮，然后装接第一节中间槽。其方法是：

① 先将链子引入第一节溜槽下边的导向槽内，再将链子拉直，使溜槽沿链子滑下去，并与前节溜槽相接。

② 按上述方法继续接长底链，使之穿过溜槽的底槽，并逐节地把溜槽放到安装的位置上，直到铺设到机尾部。

③ 将机尾部与过渡槽对接妥当后，可将刮板链穿过过渡槽，从机尾滚筒（或带有传动装置的机尾传动链轮）的下面绕上来放到中板上，继续将刮板链接长。

④ 将接长部分的刮板倾斜放置，使链条能较顺利地进入溜槽的链道，然后再将其拉直。

⑤ 依此方法将上刮板链一直接到机头架。

3. 紧链

根据需要调整刮板链的长度，最后将上链接好。为减少紧链时间，在铺设刮板链时要尽量将链子拉紧。在安装过程中，应注意如下事项。

① 安装刮板链时，要注意按已做好的标志进行"配对"安装，否则会影响双边链的链条的受力均匀和链条与链轮之间的啮合情况。

② 在上溜槽装配时，连接环的凸起部位应朝上，竖链环的焊接对口应朝上，水平链环的焊接对口应朝向溜槽的中心线，且不许有扭花的现象。

③ 在安装中，应避免用锯断链环的办法取得合适的链段长度，而应用备用的调节链进行调整。

（三）安装后的检查要点

① 检查所有的紧固件是否有松动现象。

② 检查减速器、液力耦合器等润滑部位的油量是否充足。

③ 检查刮板链是否有扭绕不正的情况，以及各部件的安装是否正确。

④ 检查控制系统和信号系统是否符合要求。

二、刮板输送机的运转

（一）试运转

为安全起见，检查前应切断电源，并进行闭锁。刮板输送机在试运转之前，应重点进行以下各项检查。

① 在初次安装时，机体要直，沿机身均匀取 10 个点进行检查，其水平偏差不应超过 150mm；垂直方向接头平整严密不超差；接头不平度错口规定 3～4mm，角度 3°～4°。

② 各部螺栓、垫圈、压板、顶丝、油堵和护罩等须完整齐全、紧固。

③ 液力耦合器、减速器、传动链、机头、机尾和溜槽等主要机件要齐全完整。

④ 电气系统开关接触情况良好、工作状态可靠，电气设备有良好接地。

⑤ 减速器、液力耦合器、轴承等润滑良好，符合要求。

若以上检查没有发现问题，即可进行试运转，试运转分为空载及负载两步进行。先进行空载运转，开始时断续启动电动机，开、停试运行，当刮板链转过一个循环后再正式转动，时间不少于1h。各部检查正常后做一次紧链工作，然后带负荷运转一个生产班。

试运转时应重点注意如下事项。

① 机器各部件运行的平稳性，如震动情况、链条运行是否平稳、有无刮卡及跳牙现象、刮板链的松紧程度及各部声音是否正常等；

② 各部温度是否正常，如减速器、机头和机尾轴的轴承、电动机及其轴承等，一般温度65～70℃，液力耦合器的温度不应超过60℃，大功率减速器的温度不应超过85℃；

③ 负荷是否正常，重点是电动机启动电流及负荷电流是否超限；

④ 观察减速器、液力耦合器及各轴承等部位是否有漏油情况；

⑤ 令采煤机在刮板输送机上试运行，观察是否能顺利通过。

注意：在一般情况下，除检修及处理故障外，不做刮板链倒转的试运转。

（二）正常运转

在输送机投入正式运行以前，必须对其进行全面目测检查，确保铺设质量和刮板链的适度张紧，并确保溜槽中无任何可能阻碍运行的异物存在，所有挡、护板均已到位且安全可靠；并检查所有启动、控制及通信设备，确保其技术状态正常、良好。正常运转的注意事项如下。

① 正常条件下，先启动工作面运输巷可伸缩带式输送机、破碎机、转载机、工作面刮板输送机，后启动采煤机，以保证运输机械轻载启动。双速电动机驱动的输送机，先低速启动，然后转换到高速运行，以增大启动转矩，限制启动电流。

② 采煤机截煤时要防止过载截割，以免使输送机溜槽受到过高的横向弯曲作用力；输送机向煤壁侧推进时，必须保持弯曲段圆顺过渡，相邻溜槽间的偏转角度不得超过设计许可值。

③ 工作面应尽量保持平直，防止过多过大起伏，不使输送机溜槽间垂直偏转角度超限而影响其平稳正常运行。

④ 采煤机停机后，输送机不要立即停机，应在运完溜槽上的煤以后，再空运转几个循环，以便将煤粉从溜槽槽帮滑道内清除干净，防止煤粉结块而增大启动负载和运行阻力。

⑤ 发现溜槽中有大块煤和大块岩石时，必须及时处理，以防卡链、堵转等事故发生。

⑥ 驱动电动机、耦合器、减速器、链轮组件等传动机件附近应保持清洁，便于通风散热，以防温升过高而损坏电机、轴承和齿轮等。

任务三　液压支架的操作与检修

分任务一　液压支架操作技术训练

正确操作液压支架。

能力目标

① 能正确操作液压支架；

② 能说出液压支架操作的注意事项；

③ 能掌握液压支架的主要组成部分；

④ 能够对操作过程进行评价，具有独立思考能力与分析判断的能力。

相关知识链接

在煤矿开采的过程中，液压支架是平衡矿山压力的一种结构物，主要用于回采工作面的支护，以保证矿工的人身安全和生产的正常进行。

液压支架以高压液体作动力，是由液压元件（液压缸和液压阀）与金属构件组成的一种用来支撑和管理顶板的设备，它不仅能实现支撑、切顶，而且还能使支架本身前移和推动输送机。液压支架具有支护性能好、强度高、移设速度快、安全可靠等优点，可以配合可弯曲刮板输送机和浅截式采煤机，组成回采工作面的综合机械化设备。该设备具有增加产量、提高效率、降低成本、安全生产、减轻工人笨重体力劳动等性能。

液压支架目前主要分为两类：单体支柱和液压自移支架。从支护的特点来说，大致可分为支撑式、掩护式、支撑掩护式及纯掩护式 4 种。它们的主要特点如下。

① 支撑式支架的特点：支架的顶梁支撑着整个回采工作空间的顶板。

② 掩护式支架的特点：支架的立柱一般都支撑在掩护梁下，以掩护采空区已冒落的矸石为主，而以支撑机道上方的顶板为辅，其结构主要由掩护梁、底座、支柱、托梁 4 个主要部件组成。

③ 支撑掩护式支架的特点：以支撑顶板为主，并兼有掩护式支架的一些特点，即利用支架后部的掩护梁将冒落的顶板岩石与回采工作空间隔绝开来。

④ 纯掩护式支架的特点：没有顶梁部分，顶板冒落后由掩护梁直接挡入采空区。其结构主要由底座、掩护梁、支柱及推移千斤等组成。

其中支撑掩护式支架应用比较广泛，下面主要介绍 ZZS6000/17/37A 型支撑掩护式液压支架。

一、液压支架操作要求

任何机械设备不管设计得多么合理，制造得多么精确，使用一定时间后也会因零部件的磨损、疲劳、蠕变、损坏等原因出现运动精度和工作性能下降，甚至失效。液压支架也不例外，为了使液压支架长期保持良好的工作状态，延长其使用寿命，应定期进行保养和修理。在正常使用条件下，液压支架的工作性能和损坏是不可避免的，但通过精心保养和修理，可以延缓损坏速度，延长使用寿命。在修理时应进行全面分析，找出可能产生故障的一切原因，逐个排查，根据损坏程度和状况，采取相应的修理方法，以保证液压支架的修理质量和良好的工作性能。

液压支架修理的一般工艺流程如图 3-1 所示。

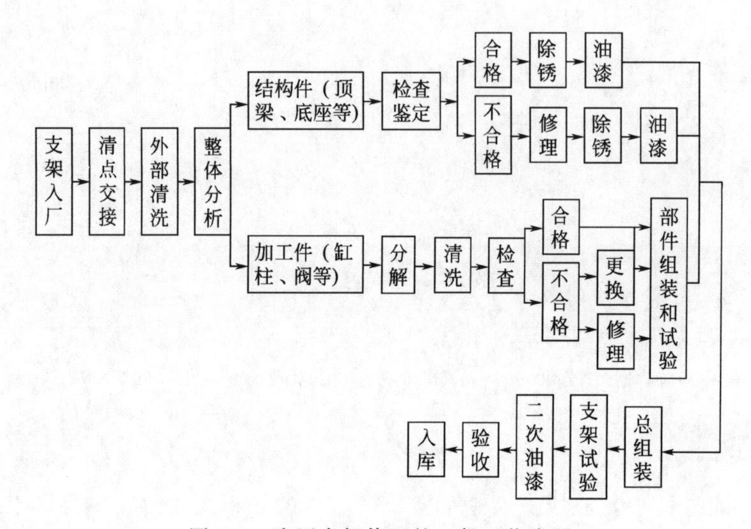

图 3-1　液压支架修理的一般工艺流程

（一）上岗标准

1. 岗位职责

岗位职能范围：综采工作面液压支架操作、维护更换零部件、检修和故障处理的工作；

工种内容（工种定义）：从事综采工作面液压支架的操作、维护的工种。

2. 岗位有关生产技术规程

《煤矿安全规程》有关部分；

所在综采工作面的《作业规程》；

《煤矿机电设备检修质量标准》液压支架部分；

《煤矿矿井机电设备完好标准》采掘设备液压支架部分。

3. 技术基础知识

具有采煤和通风的一般知识，熟悉综采工作面的回采工艺，了解有关有毒有害气体（CH_4、CO、CO_2、H_2S）的危害知识；

具有地质的一般知识，熟悉不同岩石的特性；

具有矿压的一般知识，掌握工作面顶板的采压规律及支架的受力方式；

掌握伪顶、直接顶、老顶的概念及三者的关系，具有顶板分类的一般知识；

具有液压传动的基础知识，掌握压力与截面的关系；

掌握单向阀、安全阀和各种液压元件的工作原理、符号及应用知识；

了解综采工作面液压支架的结构性能；

了解泵站液压管路的结构、性能和基本参数；

熟知常用钳工工具的使用方法；

了解常用压力仪表的分类，仪表盘面上符号的意义、结构原理、使用和维护方法；

熟知综采工作面供液系统图的构成和安装知识；

掌握液压支架、液压泵站的使用维护知识；

了解乳化液管路的安装、铺设知识；

了解《采煤工作面工程质量标准》有关部分；

了解《煤矿机电设备检修质量标准》中有关液压支架部分；

了解常用的乳化液胶管的型号、结构特征及规格；

了解安全阀的额定压力特征及结构特征；

了解乳化液油的牌号及使用配比。

4. 安全防护知识

熟知液压支架的移架操作程序和移架过程安全注意事项；

熟知综采工作面的避灾路线；掌握有关工作面透水、发火、瓦斯超限、突出、过旧巷、地质构造带的处理方法；

掌握自救器的使用方法和工作原理及性能。

5. 检修排障能力

正确排除工作面液压系统、各种阀、管路、泵站、支架等存在的故障，并能进行正确的维护和检修；

能排除咬架、倒架的故障；

能够处理冒顶及片帮。

（二）操作规程

1. 一般规定

（1）液压支架工必须熟悉液压支架的性能及构造原理和液压控制系统，通晓本操作规程，能够按完好标准维护保养好液压支架，懂顶板管理方法和本工作面作业规程，经培训考试合格后，方可持证上岗。

（2）支架工要与采煤机司机密切合作。移架时，如支架与采煤机距离超过作业规程规定，应要求停止采煤机。

（3）掌握好支架的合理高度；最大支撑高度小于支架设计高度的0.1m，最小的支撑高度应大于支架设计高度的0.2m。

（4）支架所用的阀组、立柱、千斤顶，均不准在井下拆卸，可整个调换。

（5）备用的各种液压软管，阀组、液压缸管接头等必须用专用堵头堵塞，更换时用乳化液洗净。

（6）更换胶管和阀组液压件时，只准在无压状态下进行，而且不准将液压高压口对准人。

（7）支架上的安全阀不准随意拆除和调整。

（8）液压支架工操作时注意8项操作要领：做到快、匀、够、正、直、稳、严、净。即：

① 各种操作要快。

② 移架速度要均匀。

③ 移架步距符合作业规程规定。

④ 支架位置要正，不咬架。

⑤ 各组支架要排成一条直线。

⑥ 支架、刮板输送机要平稳牢靠。

⑦ 顶梁与顶板接触严密，不留空隙。

⑧ 煤、矸、煤尘要清理干净。

2. 操作及注意事项

(1) 正常移架操作顺序

① 收回伸缩梁、护帮板、侧护板。

② 操作前梁回转千斤顶，使前梁降低，躲开前面的千斤顶障碍物。

③ 降柱使主顶梁略离顶板。

④ 当支架可移动时要立即停止降柱，使支架移至规定步距。

⑤ 调架使推移千斤顶与刮板输送机保持垂直，支架不歪斜，中心线符合规定，全工作面支架排成直线。

⑥ 升柱时调整平衡千斤顶，使主梁与顶板严密接触 3～5s，以保证达到初撑力。

⑦ 伸出伸缩梁，使护帮板顶住煤帮，伸出侧护板使其紧靠相邻支架。

⑧ 将各手把扳到零位。

(2) 过断层、空巷、顶板破碎带及压力大时的移架顺序

① 按照过断层、空巷、顶板破碎带及压力大的有关安全技术措施进行立即护顶或预先支护，尽量缩短顶板暴露时间及缩小顶板暴露面积。

② 一般采用带压拉架，即分移架达到规定步距，采用边降边移。用时打开降柱及移架手把，及时调整降柱手把，使破碎矸石滑向采空区，移架到规定步距后立即升柱。

③ 过断层时，应按作业规程规定严格控制采高，防止压死支架。

④ 过下分层巷道或溜煤眼时，除超前支护外，必须确定下层空巷，溜煤眼已充实后方准移架，以防通过时下塌造成事故。

⑤ 移架按规定顺序移架。

(3) 工作面的端头三架支架移架顺序

① 必须两人配合操作：一人负责前移支架，一人操作防倒、防滑千斤顶。

② 移架前将支架防倒、防滑千斤顶全部松放。

③ 先移第三架，再移第一架，最后移第二架。

④ 移第二架时，应放松其底部防滑千斤顶，以防被顶坏。

(4) 移架操作注意事项

① 每次移架前先检查本架管线，不能刮卡，清除架前障碍物。

② 移架时，本架上下相邻两组支架推移千斤顶处于收缩状态。

③ 带有伸缩前探梁的支架，割煤后，应立即伸出探梁支护顶板。

④ 采煤机的前滚筒到达前，应预先收回护帮板。

⑤ 降柱幅度低于邻架侧护板时，伸架前应收回邻架侧护板，待升柱后，再伸出邻架侧护板。

⑥ 移架受阻达不到规定步距，要将操作阀手把打于断液位置，查出原因并处理后再继

续操作。

⑦ 移架的下方或前方不准有其他人员工作。移动端头支架时，除移架工外，其他人员一律撤到安全地点。

3. 收尾工作

① 割煤后，支架必须紧跟移动，不准留空顶。

② 移完架后，各操作手把都打在停止位置。

③ 清理支架内的浮煤、矸石及煤尘，管理好架内管线。

④ 当班验收员验收，处理完毕存在的问题，合格后方可收工，清点工具，放置好备配件。

⑤ 向接班液压支架工详细交待本工班支架情况，出现的故障，存在的问题，按规定填写液压支架工作日志。

二、液压支架的特点

（一）支架形式和主要特征

1. 支架形式

如图3-2所示ZZS600/17/37A支撑掩护式支架吸收了坚硬顶板条件下成功架型的经验，仍采用短四连杆、陡掩护梁的紧凑型布置形式，属于坚硬及中等稳定顶板条件以及中厚煤层条件下使用的四柱支撑掩护式强力支架。

2. 支架结构特点

(1) 整架结构采用短四连杆、陡掩护梁的紧凑型布置形式。掩护梁在最高位置时外露471mm，最低位置时外露1290mm，减少了受大块跨落岩石直接冲出的概率，改善了支架受力状态，同时排斥对坚硬顶板的支护。

(2) 四连杆机构采用计算机优化。在设计选用四连杆机构的参数时，采用了计算机优化与经验相结合的办法，其突出特点为：

① 几何尺寸小，满足结构紧凑、重量轻的要求；

② 梁端距变化小，减少了架前漏顶的可能；

③ 使支架受力合理，工作阻力稳定，各部件受力均匀，这可减轻支架重量。

(3) 立柱呈倒八字布置。本支架采用双排四柱倒八字布置形式，后柱始终保持后倾或自立，以提高支架的切顶能力和支架在受砸时的抗冲击能力。立柱是井下使用成熟的双伸缩双作用立柱，可保证支架的可靠性。

(4) 采用国家专利楔形梁结构。为克服以往铰接式顶梁的“强支架弱支护问题”，采用了国家专利“楔形梁结构”。它集铰接和刚性梁的优点于一体，梁端力在152～213t之间变化，是普通铰接梁端力的8倍以上，同时又可按顶板的起伏变化，使梁端上翘量在40～160mm之间变化，以改善梁的接顶性能。

(5) 护壁装置。楔形梁前端装有护壁装置，伸缩护壁千斤顶，能起到防止煤壁片帮的作用，必要时还可使护壁板托平，起临时超前支护的作用，控制架前漏顶。

(6) 采用固定侧护板，简化了支架结构和控制系统，有利于支架快速移架，提高了支架的可靠性。

(7) 立即支护方式。支架采用立即支护方式，采煤机过后能立即移架，及时支护新暴露的顶板。提供前后两条人行道，移架后前后排立柱之间有足够的人行空间。

(8) 支架合力点位最合理。支架在整个高度范围内顶梁上合力作用点的投影位置，始终落在底座前后排立柱之间，从而改善了底座对底板的比压分布，有利于维护底板完整和顺利移架。

(9) 浮动活塞式推移千斤顶。支架用浮动活塞式千斤顶，移架力达 457kN($P=26$MPa)，同时千斤顶内加装距离套，配以两种推移杆。安装距离套时，可适用于 630mm 截深；去掉距离套后，可适用于 800mm 截深。

(10) 四连杆铰接孔轴间隙采用 1mm，提高四连杆曲线稳定性，减小支架横向倾斜程度，提高整架受力性能。

(11) 采用两种操纵阀。立柱、推移千斤顶由一组大流量操纵阀控制，减小液流阻力，提高支架移架速度。调架、护壁楔形梁千斤顶则由另一组小操纵阀控制，缓和液流冲击，给操纵带来了方便。

(12) 采用初支撑力自保系统。支架在井下使用过程中，像浮矸、煤等浮在支架顶梁上，操作工误认为已接顶而停止升架，此时立柱下腔压力尚未达到初支撑力状态而处于被动接顶，无形中使顶板过早下沉。安装了初支撑力保证阀，当升柱手柄开启后，初支撑力保证系统已开启进行液流，且状态一直延续，直到反向降柱操纵时关闭。这样便克服了上述被动接顶的不利状态。为使初支撑力保证阀确实有效，专门由一趟管路供液。

因此，本支架具有结构紧凑、支护范围大、工作阻力大、支护强度高、控制性能好、底座比压均匀、抗冲击性好、支架稳定、通风断面大、人行方便、操作方便、系统可靠等特点，是坚硬及中等稳定顶板条件下，中厚煤层综合机械化采煤的可靠的支护配套设备。

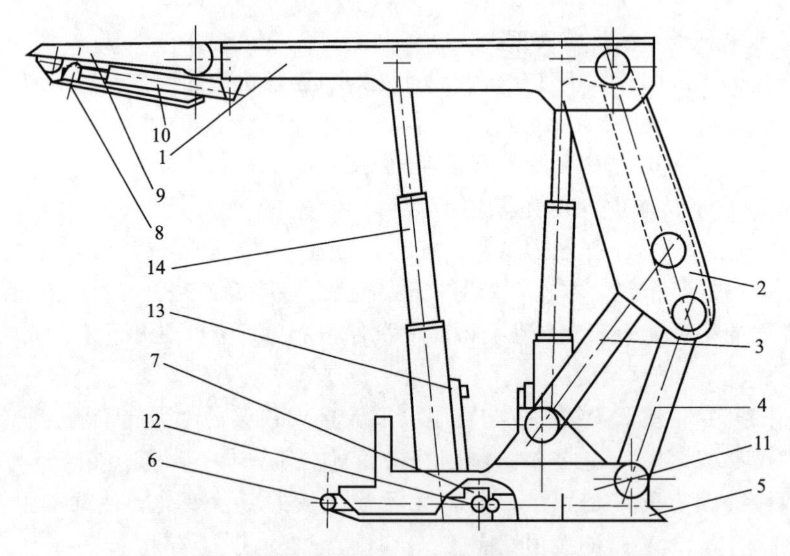

图 3-2 ZZS600/17/37A 支撑掩护式液压支架

1—顶梁；2—掩护梁；3—前连杆；4—后连杆；5—底座；
6—十字头；7—推杆；8—护壁装置；9—楔形梁；10—护壁千斤顶；
11—调架千斤顶；12—推移千斤顶；13—液压系统；14—立柱

3. 液压支架技术特征

液压支架技术特征如表 3-1 所示。

表 3-1　液压支架技术特征

序号	名称		参数
1	支架高度/mm	最低	1700
		最高	3650
2	支架中心距/mm		1500
3	支架初支撑力/kN		(p=26MPa)5105
4	支架工作阻力/kN		(p=30MPa)6000
5	支架支护强度		(H=2400～3650mm)0.85～1.01
6	支架延面支护力/(kN/m)		(H=2400～3650mm)3910～4645
7	支架切顶力/kN		4772
8	支架前端支护力/kN	初支撑状态	1902
		阻力状态	2195
9	顶梁上翘量/mm		38～150
10	护壁装置	正常护壁力/kN	48.2
		伸平托顶力/kN	6.9
11	比压/MPa	顶梁	1.08
		底座	2.86
12	支架通风断面面积/m^2		(H=2000～3650mm)5.0～10.08
13	立柱	每架	4 根
		形式	双伸缩双作用
		缸径/mm	ϕ250/ϕ180
		柱径	ϕ230/ϕ160
		一级行程/mm	945
		二级行程/mm	1005
		总行程/mm	1950
		初支撑力/kN	(p=26MPa)1276
		工作阻力/kN	(p=30MPa)1500
14	护壁千斤顶	缸径/mm	ϕ100
		柱径/mm	ϕ70
		行程/mm	450
		推力/kN	(p=30MPa)204.2
		拉力/kN	(p=30MPa)104.1
15	调架千斤顶	形式	单伸缩双作用
		缸径/mm	ϕ125
		柱径/mm	ϕ105
		行程/mm	193
		推力/kN	(p=26MPa)319.0
16	推移千斤顶	形式	浮动活塞式
		缸径/mm	ϕ180
		柱径/mm	ϕ100
		行程/mm	750 或 900
		推溜力/kN	(p=26MPa)204.2
		拉架力/kN	(p=26MPa)457.4
17	操纵方式		本架手动
18	配套泵站	型号	MRB-400/31.4
		压力/MPa	31.4
		流量/(L/min)	400
19	管道规格/mm	主进液管	ϕ32
		主回液管	ϕ38
		支管	ϕ10ϕ16ϕ19
20	支架运输尺寸/mm		长×宽×高:4910×1450×1700
21	支架质量/kg		17 500

(二) 支架适用范围

该支架适用于走向长壁及倾斜长壁后退式采煤法，坚硬难冒的砂、砾岩坚硬顶板及中等稳定顶板条件下，煤层厚度 2.0～3.5m，煤层倾斜角小于 15°的中厚煤层。

(三) 主要配套设备

① 采煤机：AM500 型。

② 运输机：SGZ830/630 或 SGZ764/400。

③ 转载机：SZB764/132。

三、液压支架的分类

按支架对顶梁的支护方式，分为支撑式、掩护式、支撑掩护式三类。

1. 支撑式支架

这类支架是在顶梁和底座垂直布置两排或三排立柱构成的框型结构，其后部用挡矸帘阻挡采空区矸石窜入作业空间，如图 3-3 所示，垛式支架每架为一体，节式支架每架由 2～4 个框架组成，有导向机构互相连接，交替前移。节式支架稳定性差，目前很少使用。

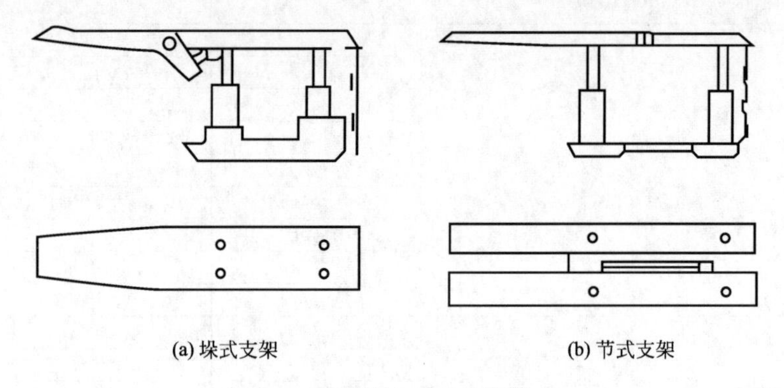

(a) 垛式支架　(b) 节式支架

图 3-3　支撑式支架的结构形式

支撑式支架的特点是立柱多，支撑力大，切顶能力强；顶梁长，通风断面大；对顶板支撑次数多，支架间靠的不紧，漏矸；结构简单，重量轻。

支撑式支架适用于直接顶比较完整、坚硬、老梁有周期采压的条件。而对无直接顶的坚硬老顶适应能力差，其冒落形成的水平推力往往使得支架失稳而前倾，导致立柱弯曲甚至折断。

2. 掩护式支架

如图 3-4 所示，掩护梁与底座直接铰接的支架 [(如图 3-4 (a) 所示)]，支架升降使梁端运动轨迹为圆弧，这种支架的结构简单，但梁端距大，易造成近煤壁顶板冒落，只适用于调高范围小的支架，如放顶煤支架等。

掩护梁通过前后连杆与底座铰接构成四连杆结构的支架 [(如图 3-4 (b) ～图 3-4 (e) 所示)]，升降时梁端运动轨迹为近似平行于煤壁的双纽线，梁端距变化小。这种支架应用最多。

掩护式支架有立柱上端支撑在掩护梁上（支掩式）和立柱上端支撑在顶梁上（支顶式），支顶式掩护式支架的顶梁与掩护梁之间必设一平衡千斤顶，以保证结构稳定。在立柱工作阻力相同的情况下，支顶式的支撑力较支掩式大些，图 3-4 (e) 为支顶支掩式掩护支架。

掩护式支架底座前端有插入输送机溜槽的插入式 [(如图 3-4 (b) 所示)] 和底座与溜

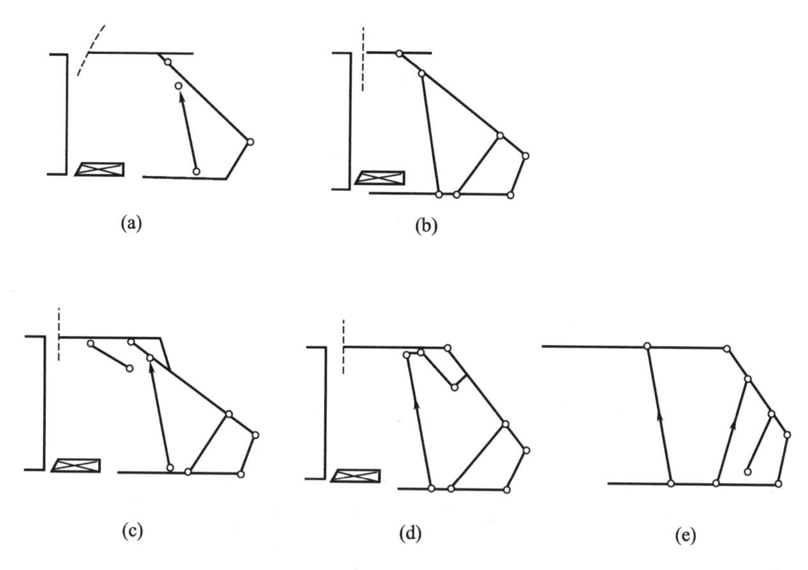

图 3-4　掩护式支架的结构形式

槽分离的非插入式［(如图 3-4（a）和图 3-4（c）～图 3-4（e）所示)］。前者顶梁较短，对顶板重复支撑次数少，支护强度较大且均匀，底座长，稳定性好，对底板比压小。但是输送机溜槽被抬高，使采煤机装煤效果变差，而且通风断面小。这种支架适用于顶板破碎，底板松软的条件。

掩护式支架不仅有掩护梁，且架间通过侧护板相互间挤紧，故掩护性能好，但立柱少，切顶能力弱。因顶梁较短，控顶距较小，故支护强度较大，对顶板重复支撑次数较小。通风断面小。因采用连杆机构，抗水平能力强，使立柱不受横向力，这种支架适用于不稳定顶板和中等稳定的直接顶，或周期采压缓和的老顶等矿压条件。

3. **支撑掩护式支架**

如图 3-5 所示支撑掩护式支架兼有垛式支架和掩护式支架的结构特点和性能，可适应各种顶板条件，根据使用情况，支撑掩护式支架前后排立柱可前倾或后倾，前角也可不同。前后排立柱交叉的支架［(如图 3-5（d）所示)］适用于薄煤层。除节式支架主副架交替前移外，其他类型的支架都整体迁移。

液压支架不仅用在工作面上，还可以用于工作面两端顺槽的支护（称为工作面端头支架）。

四、支架在工作面的布置及工作原理

液压支架实现操作的基本动作是升架、降架、移架和推移工作面输送机。

液压支架移动一次的操作过程，如图 3-6 所示，当将操纵阀 8 达到升架位置时，乳化液泵站排出的高压乳化液经过管路、操纵阀 8 和液控单向阀 6 进入立柱 2 的下腔，同时立柱上腔回液。支架升起并紧紧支撑在顶底板之间。当立柱下腔达到泵站工作压力 p_b 时，所有立柱对顶梁的总推力即支架的初撑力 P_0，其计算公式为：

$$P_0=\frac{\pi D^2}{4}p_b n$$

式中　D——立柱的缸径/mm；n——立柱的数目/个。

初撑结束后，将操纵阀手柄移到中间位置，立柱下腔的工作液体被液控单向阀封住。随

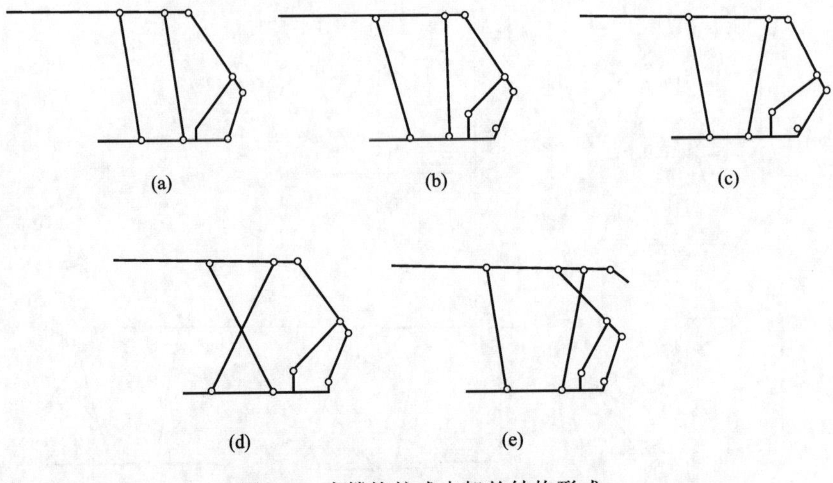

图 3-5 支撑掩护式支架的结构形式

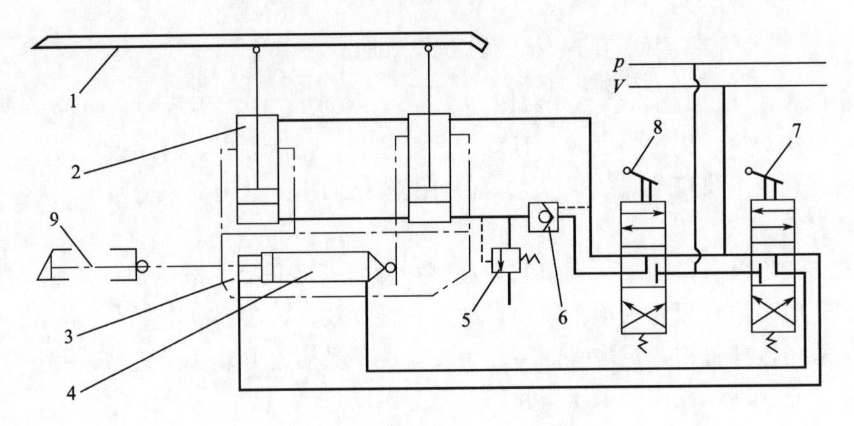

图 3-6 液压支架的工作原理

1—顶梁；2—立柱；3—底座；4—推移千斤顶；5—安全阀；
6—液控单向阀；7—操作阀；8—操纵阀；9—工作面输送机

着顶板下沉，立柱下腔工作液压力升高，立柱的推力，即支架对顶板的支撑力也逐渐增大，这个过程是支架的增阻过程。当立柱下腔液体压力达到安全阀 5 的调定压力 p_a 时，安全阀 5 开启溢流，立柱收缩，支架随顶板下降。当立柱下腔压力低于 p_a 时，安全阀 5 关闭，该过程为支架的恒阻过程。支架所有立柱的最大推力即为液压支架的工作阻力 P。

$$P=\frac{\pi D^2}{4}p_a n$$

将操纵阀移到降架位置，高压乳化液进入立柱上腔，同时打开液控单向阀，立柱下腔回液，支架下降。

操作阀 7 操纵推移千斤顶 4，实现推溜和移架。

如图 3-7 所示为支架特性曲线，表示工作阻力随时间的变化关系，增阻时间 t_1 的长短与顶板下沉速度、支架初撑力、初撑质量有关。较大的初撑力和较好的初撑质量可以延缓顶板的下沉速度，迅速压实顶梁上和底座下的浮煤碎矸，较快地达到工作阻力，增加顶板的稳定性。液压支架的恒阻特性可以限制支架构件的受力，保护其安全工作。

下面以 ZZS6000/17/37A 型支撑掩护式液压支架为例进行介绍。

1. 支架在工作面的布置及工作方式

本支架在工作面垂直运输机排列，通过十字头与运输机垂直相连，每架间距 1.5m，其动力源——乳化液泵设在工作面下顺槽，通过管路与每架支架相连，同时，初支撑力自保系统专设一趟管路将泵源引至工作面各支架。

本支架的主要升降、推溜、拉架由 350L/min 的主操纵阀组控制，护壁、楔形梁、调架千斤顶由 16L/min 的副操纵阀组控制，使系统更为合理。采煤机割煤后采用本架手动立即支护方式支护顶板。采煤机通过 15m 左右推溜。

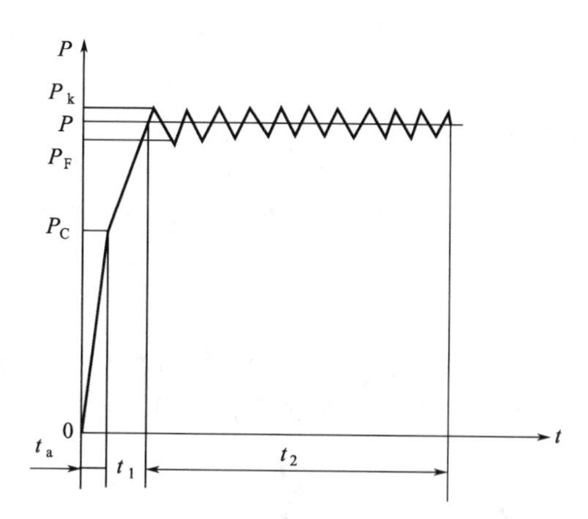

图 3-7　液压支架的工作特性曲线
t_1—初撑阶段；t_2—增阻阶段，t_3—恒阻阶段

2. 支架的工作原理

ZZS6000/17/37A 型支撑掩护式液压支架的基本工作原理如下。

（1）顶板的支撑(即升架)

来自泵站的高压乳化液，经主进液管道送到工作面，经截止阀、过滤器到每架支架的操纵阀。当主操纵阀组的手柄打到“升柱”位置，由上述主管路来的高压乳化液经主操纵阀组支管到立柱液控单向阀，打开该阀进入立柱下腔，推动中缸上升，中缸完全升出后，高压液体进入中缸下腔推动活动柱上升，直至达到支架的初支撑力。操作过程中由于某种原因，顶梁实际并未接触顶板而将手柄打到“中间”位置而停止实施初支撑力时，上述自保系统中的高压液便继续进行补液，使立柱下腔完全达到泵站压力才暂停进液。若压力又低于泵压，便又自动进行补液，使立柱下腔始终有不低于泵站压力的液体在维持，防止了支架在低于初支撑力的状态下工作，而使顶板过早地离层。当主操纵阀组“升柱”手柄打到“中间”位置时，液流被切断，液控单向阀自动关闭，立柱下腔处于封闭状态，当立柱下腔压力高于立柱安全阀调定值（30MPa）时，立柱处于恒阻状态。

（2）降架

当主操纵阀组手柄打到“降柱”位置，由主管路来的高压液流经主操纵阀组进入立柱中缸上腔、大缸上腔，使活柱和中缸一起迫降，打开液控单向阀使立柱下腔液体经液控单向阀、主操纵阀直至回液管回液。同时，自保系统两位二通阀在液控的作用下复位，切断对立柱的补液回路，停止补液。

当降柱量很大时，即活柱和中缸迫降到一定位置时，亦即第一行程结束后，中缸底阀顶杆顶上大缸缸底时，底阀打开，中缸下腔内的液体才经底阀进入大缸下腔进行回液，使活柱降到底。实际工作中降架量很小，一般底阀并不开启。

（3）移架和推溜

推移千斤顶的活塞杆经推移杆、十字头与运输机相连，缸体则与支架底座相连。降架后，主操纵阀手柄打到“移架”位置，高压液流经主操纵阀组、支管进入活塞杆腔，由于活塞杆与输送机相对固定，则缸体带动底座使其支架前移。此时，活塞腔液体经旁路阀，直接流至主回液管，少部分液体经过主操纵阀组回液。支架下降少许后即可拉架，也可边降架边移架，视具体情况而定。

当主操纵阀组手柄打到“推溜”位置，高压液就进入活塞腔，浮动活塞在液压的作用下先滑行顶靠导向套，然后推动活塞杆外伸，推动运输机前移，活塞杆腔的乳化液经主操纵阀组回液。

（4）楔形梁摆动

将副操纵阀组手柄打到“楔升”位置，高压液经过单向锁到达楔形梁千斤顶的活塞腔。这时，楔形梁千斤顶推动楔块，使楔形梁上翘，改善顶梁的接顶效果，提高梁端支护能力，同时楔形梁千斤顶活塞杆腔液流经单向锁、副操纵阀组回液。

将副操纵阀组打到“楔升”位置，高压液经过副操纵阀组和单向锁到达楔形梁千斤顶活塞腔，楔形梁千斤顶拉回楔块，使楔形梁下摆，同时，楔形梁千斤顶活塞腔液流经单向锁、副操纵阀组回液。

（5）护壁装置

护壁千斤顶由本架副操纵阀组控制。当副操纵阀组手柄打到“护伸”位置，高压液经副操纵阀组及护壁千斤顶的双向锁到护壁千斤顶活塞腔，护臂装置推出，护壁板有以下两个位置。

① 顶上煤壁防止煤壁片帮；

② 托平与顶梁平齐，起临时支护顶板的作用。

同时，高压液体还打开双向锁的回液油路，使活塞杆腔的液流经过双向锁、副操纵阀组回液。

当副操纵阀组手柄打到“互缩”位置，高压液经过副操纵阀组及护臂千斤顶双向锁到护壁千斤顶活塞杆腔，拉动护壁装置收回。同时，高压液打开双向锁的回液油路，使活塞腔的液流经过双向锁、副操纵阀组回液。

（6）调架

调架千斤顶由副操纵阀组控制。当副操纵阀组手柄打到“调伸”位置，高压液经副操纵阀组到调架千斤顶的活塞腔，由于活塞杆与底座相对固定，缸体便向外伸出，顶住相邻支架进行调架。同时，高压液打开回液支管上的单向锁，使活塞杆液体经单向锁、副操纵阀组回液。

当副操纵阀组手柄打到“调缩”位置，高压液经副操纵阀组到单向锁进入活塞杆腔，使缸体缩回。同时，活塞腔液体经副操纵阀组回液。

分任务二　典型液压支架的维护

任务描述

掌握液压支架的维护方法。

能力目标

① 能说出液压支架修理的主要内容；

② 能说出液压支架的常见故障并能分析排除。

相关知识链接

一、液压支架修理的主要内容

液压支架的修理包括日常维修、中修和大修。

(一) 日常维修的主要内容

液压支架日常维修的内容应根据支架的形式而定，但主要内容是一致的。

① 检查管路连接的U形销是否齐全，不得用铁丝代替，不得插单腿销；

② 更换漏窜液的操纵阀、液控单向阀等液压元件；

③ 检查推移千斤顶与输送机的连接件；

④ 更换损坏的立柱和千斤顶；

⑤ 检查各部连接销、轴、螺栓及胶管的吊环等；

⑥ 固定专人对活柱的镀层进行轮流擦拭，保证镀层的光洁；

⑦ 支架进液管的过滤器，每月应有计划地分批进行轮流更换清洗；

⑧ 安全阀每年轮流更换送厂检修调试一次；

⑨ 做好日常维修记录。

(二) 中修周期及主要内容

煤炭工业部（86）煤生字第133号文规定："液压支架中修周期一般为使用1年或采完1个工作面"。

液压支架的中修应在矿机修厂进行，其主要内容有：

① 对支架的构件包括顶梁、底座、掩护梁、四连杆、伸缩梁、前梁、护帮板和推移杆（推移框架）等进行全面检查，对有严重变形、开焊及裂纹的进行修复或更换。

② 对立柱、千斤顶应逐个打压试验，对有内外泄漏、划痕、碰伤，或缸体、活柱、活塞杆变形的立柱、千斤顶应予以解体清洗、修复或更换。

③ 检查侧护板复位弹簧及各销轴，变形严重的应予以修复或更换。

④ 各个阀应逐个打压试验，对不合格的应予以解体、清洗、修复或更换。

⑤ 重新调定安全阀。

⑥ 检查全部高压胶管、管接头，损伤者应予以更换。

⑦ 做好中修的各种记录。

(三) 大修周期及主要内容

煤炭工业部（86）煤生字第133号文规定："液压支架大修周期一般为两或三年，或采完100万～200万吨煤。"

液压支架大修应在修理中心或矿务局修理厂进行，其主要修理内容如下。

① 对支架架体，包括顶梁、底座、掩护梁、前梁、伸缩梁、四连杆、侧护板、护帮板、推移杆（退役框架）等进行全面分解、清洗、检查、修理或更换；

② 检查侧护板复位弹簧及各销轴；

③ 立柱和千斤顶全部分解清洗、检查、对镀层有锈蚀、划痕和碰伤超过标准的，应重新电镀，更换全部密封件，并打压试验；

④ 阀类应全部分解清洗，更换损坏的零件与密封件，按规定打压试验，逐个调定安全阀的压力；

⑤ 逐个检查高压管接头、接头座，更换全部接头密封件；

⑥ 给大修检查合格的支架除锈、喷漆；

⑦ 做好检修、试验记录。

二、液压支架维护、安装及故障处理

（一）支架操作维护主要事项

液压支架是综采工作面重要设备之一，它为工人及设备提供了安全的工作空间，在使用支架前，工人需经过培训，要了解支架的一些基本结构及动作原理，为设备的正常使用提供可靠保证。

（1）正常情况下的工作顺序

① 本支架为支架手动。前后立柱的升降、推溜拉架由主操纵阀控制，护壁千斤顶、推移千斤顶、调架千斤顶则由副操纵阀控制。

② 操作每架之前，应首先将进回液及初支撑力自保系统管路上的截止阀都打开，使主、副操纵阀和补液系统处于准备状态。

③ 支架为立即支护方式。采煤机割煤后应立即移架，及时支护新暴露的顶板。

④ 采煤机割煤过后 10～15m 即可推溜。推溜步距可一次推足，也可分数次推足，视工作面情况而定。可单架推、隔架推或数架同时推，但要注意保持运输机平直。

（2）采煤机落煤后，即可移架、立即支护新裸顶板，移架时顶板不宜下降过多，立柱卸载即可移架。

一般移架和降柱可同时进行，这样既有利于控制顶板，又可提高移架速度。

（3）顶板较破碎时，要调整楔形梁，以改善顶梁前端的接顶效果。

（4）乳化液必须符合煤炭部规定的质量标准，要求以中硬以下的水质按规定方法和比例配制，绝不许使用井下水。所使用的乳化油、乳化液均需化验。

（5）拆卸液压件时，应在各有关部件卸载后方可进行，不得带压拆卸，以确保安全。

（6）阀类只许整体更换，不得在井下解体维修。

（7）检修后的阀、立柱等液压元件，必须按有关规范做密封和动作试验，合格后方可下井使用。

（8）截止阀在正常生产情况下处于常开状态，关闭的和更换过的截止阀务必及时开启。

（9）建立健全的支架日常维护和定期检修制度，对设备故障要及时分析处理，以保持支架的完好率。

（二）支架的安装及搬运

① 支架在地面组装，各种动作试验都合格后，将支架收缩到最低位置，使其整体下井；各部件必须保持完好的状态，液压件不得有渗漏。

② 支架必须各零部件齐全螺栓拧紧，挡圈、开口销、U 形卡等按规范要求安装；不得随意缺件，严防在工作及搬运中滑出，造成事故。要求液压软管排列整齐，避免急弯、扭曲及运输中挤压。

③ 支架的管路及暴露在外的进出油口，必须认真封闭、包装，严防煤粉及脏物进入。

④ 支架的安装应按 1.5m 的间距，垂直运输机安置整齐，不得有远有近，不得歪斜。

（三）支架故障及处理方法

（1）支架动作及操作阀故障如表 3-2 所示。

表 3-2　支架动作及操作阀故障

故障现象	原因	排除方法
1. 支架动作故障		
操纵阀操作后工作缸无动作	(1)主进、回液截止阀未打开 (2)过滤器被堵 (3)管路连接错误 (4)工作油缸回液管或接头被堵 (5)管路破裂漏液 (6)泵压太低	(1)打开截止阀 (2)清洗过滤器 (3)检查管路 (4)清洗堵塞 (5)更换管路 (6)检查泵压
2. 主、副操作阀故障		
手把在中主位置有窜液声	(1)进液阀压缩螺母有松动 (2)进液阀芯密封损坏 (3)进液阀芯密封面夹有脏物	(1)拧紧螺母 (2)更换密封 (3)压动手把,用泵液冲洗

(2) YDF42/200 液控单向阀和 DKDFⅡ型旁路阀故障如表 3-3 所示。

表 3-3　YDF42/200 液控单向阀和 DKDFⅡ型旁路阀故障

故障现象	原因	排除方法
工作油缸无法压力闭锁(如立柱出现自由降柱)	(1)密封损坏 (2)密封面处存在脏物 (3)卸载顶杆卡住,没有复位 (4)单向阀阀体被卡	(1)更换密封 (2)用泵液冲洗 (3)重新修换顶杆及弹簧 (4)消除故障点
卸载困难或卸载后工作油缸动作缓慢	(1)顶杆活塞密封损坏、窜液、未完全打开闭锁 (2)顶杆断裂,影响卸载开启行程 (3)卸载压力不够,打不开闭锁	(1)检查更换密封件 (2)更换顶杆 (3)检查泵压

(3) SYD-PK125/40IY 液控双向锁和 YD-PK125/40IY 液控单向锁故障如表 3-4 所示。

表 3-4　SYD-PK125/40IY 液控双向锁和 YD-PK125/40IY 液控单向锁故障

故障现象	原因	排除方法
工作油缸闭锁不住(如护壁千斤顶受载时出现活塞杆移动)	(1)端堵与阀体间未装密封圈或密封损坏、挡圈损坏 (2)阀座面损坏 (3)阀与阀座密封线上夹有脏物 (4)顶杆被卡住,没有复位	(1)重新更换损坏件 (2)更换阀座 (3)用泵液冲洗 (4)重新修换顶杆及复位弹簧
卸载困难或卸载后工作油缸动作缓慢	(1)顶杆活塞密封损坏、窜液、未完全打开闭锁 (2)顶杆断裂,影响卸载开启行程 (3)卸载压力不够,打不开闭锁	(1)检查更换密封件 (2)更换顶杆 (3)检查泵压

(4) BSYF1 安全阀如表 3-5 所示。

表 3-5　BSYF1 安全阀

故障现象	原因	排除方法
阀未到额定压力就渗漏	(1)特制 O 形圈损坏 (2)安全阀压力调定值偏低 (3)弹簧有别卡 (4)结合面密封件有渗漏	(1)更换 O 形圈 (2)重新调整压力 (3)消除故障 (4)更换密封件
不能及时卸载压力,超过调定值后继续上升	(1)压力调定值超过额定值 (2)弹簧有别卡,阀动作失灵	(1)重调 (2)消除弹簧故障

分任务三　液压支架主要元件的维护

任务描述

掌握液压支架主要元件的维护方法。

能力目标

① 能说出液压缸的维修内容；

② 能说出操纵阀的维修内容。

相关知识链接

液压支架主要液压元件包括立柱、千斤顶、操纵阀、单向阀、双向液力锁、安全阀。由于立柱与千斤顶的结构相似，单向阀与双向液力锁相似。所以使用单位称为“一柱三阀”。了解它们的组成结构，熟悉工作性能，掌握维护方法对保证液压支架的应有功能、减少故障、提高液压支架使用的可靠性，有着重要的意义。

液压元件的维修是在设备检修工厂进行的，其主要工作内容包括液压元件的拆卸、清洗、检查、组装、测试等。

一、液压缸的拆装与检修

1. 液压缸的拆卸

（1）拆卸步骤

下面以如图 3-8 所示的双伸缩立柱为例，说明液压缸的拆卸步骤。

① 用扁铲将方钢丝挡圈 15 打出一段，然后用专用拆卸工具（随支架附带）拆下挡圈；

② 取下导向套 14；

③ 从导向套 14 上依次取出 O 形密封圈 16、挡圈 17、蕾形密封圈 21、挡圈 22、导向环 25、防尘圈 28，取出过程中应注意，不要损伤密封元件表面；

④ 拆去一级缸 1，立柱一端（一级缸）与地面固定，另一端（活柱端）用天车吊起，吊起过程中应注意发生卡别现象；

⑤ 从二级缸 13 上取下卡箍 3，再取下卡键 2，然后依次取出支撑环 4、鼓形密封圈 5 及导向环 6；

⑥ 取下弹簧挡圈 30；

⑦ 取出缸盖 29，并从缸盖上取下防尘圈 31；

⑧ 取出 O 形密封圈 27 和卡环 26；

⑨ 从二级缸内拉出活柱 12；

⑩ 从活柱上取下导向套 20，并从导向套下取下 O 形密封圈 18 及挡圈 19、蕾形密封圈 23 及挡圈 24；

⑪从活柱上取下卡箍 8，再取下卡键 7，然后依次取出支撑环 9、鼓形密封圈 10 及导向环 11。

（2）拆装时的注意事项

① 拆卸之前，必须清洗表面的煤粉、石渣；

② 排除液压缸内液体；

③ 拆卸过程中，要防止因拆卸不当引起零部件及密封元件的损坏；

④ 拆卸下来的零件应打标记按顺序存放在合适的位置，以便组装和检修。

2. 液压缸的检修

(1) 缸体

① 外观状况，有无变形、焊缝的完好程度；

② 与导向套配合和密封段的表面尺寸、变形状况，表面粗糙度不得大于 $Ra0.8$；

③ 钢丝挡圈槽或卡环槽、止口的变形情况，对于螺纹连接的缸口，主要检查螺纹的变形情况及磨损状况；

④ 缸体内表面磨损量以及相应的圆度、圆柱度不得大于公称尺寸的；表面粗糙度不得大于 $Ra0.4$；直线度应小于 0.5‰；其轴向划痕深度应小于 0.2mm、长度小于 50mm；径向划痕深度应小于 0.3mm、长度小于圆周的 1/3；轻微擦伤面积应小于 $50mm^2$，同一圆周划痕和擦伤不多于两条；镀层出现轻微的锈斑，每处面积应小于 $25mm^2$，整件上不得多于三处，在用油石修正到要求的表面粗糙度后，方可使用，否则要重新电镀。

(2) 活柱或活塞杆

① 外观及焊缝情况；

② 活塞密封段表面、止口、卡键槽的尺寸、变形情况，表面粗糙度不大于 $Ra0.8$；

③ 外表面要求粗糙度不大于 $Ra0.8$；活柱直线度不得大于 1‰；千斤顶活塞杆直线度不得大于 2‰，其余要求与缸体内表面相同。

(3) 导向套

① 外观情况，若焊有接管头时，检查接管头有无损坏，焊缝有无开裂。

② 钢丝挡圈槽的变形状况或螺纹的变形和磨损情况。

③ 与缸体和活塞杆（或活柱）的配合表面，若配合表面磨损过多，使配合表面间隙增大，增大了使用中的弯曲力矩，影响运动平稳性，需更换。

④ 各种密封圈

要注意检查各种密封圈，如鼓形密封圈，蕾型密封圈、Y 形或 U 形密封圈以及 O 形密封圈，发现有轻微伤痕或磨损以及老化时应更换新的。

⑤ 活塞

当活塞磨损的深度为 0.2～0.3mm 时，应更换新的。因为活塞表面受伤，容易擦伤缸体内表面。

⑥ 其他零件

检查其他零件必要的尺寸、变形情况。对于存在轻微缺陷的零件壳进行修理，而对于有较重缺陷的零件和老化或接近老化期间的橡胶和塑料件，则应更换新的。

3. 液压缸的组装

以如图 3-8 所示的双伸缩立柱为例，说明液压缸的组装步骤。

① 按所在位置依次将导向环 11、鼓形密封圈 10、支撑环 9 及卡键 7 装入活柱 12 的活塞上；

② 将卡箍 8 放入卡键 7 的槽口内；

③ 将活柱 12 装入二级缸 13 内；

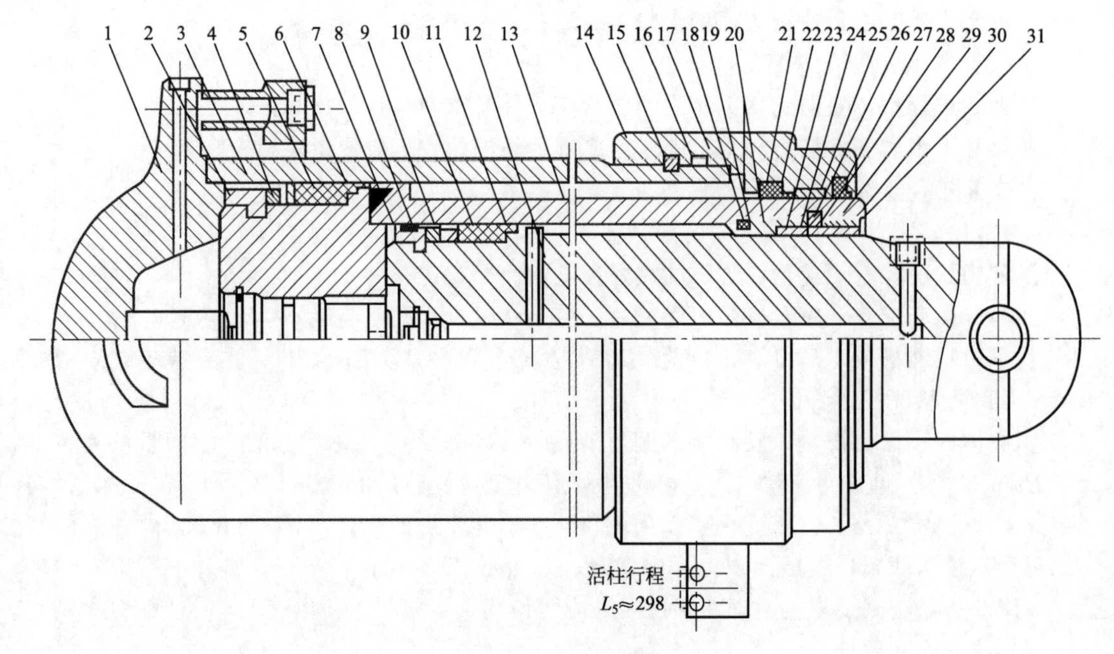

图 3-8 双伸缩立柱

1—一级缸；2，7—卡键；3，8—卡箍；4，9—支撑环；5，10—鼓型密封圈；6，11，25—导向环；12—活柱；13—二级缸；14，20—导向套；15—方钢丝挡圈；16，18，27—O 形密封圈；17，19，22，24—挡圈；21，23—蕾形密封圈；26—卡环；28，31—防尘圈；29—缸盖；30—弹簧挡圈

④ 按所在位置依次将蕾形密封圈 23、挡圈 24、O 形密封圈 18、挡圈 19 装在导向套 20 上；

⑤ 将导向套 20 装入二级缸内；

⑥ 将卡环 26 装入二级缸槽内，将导向套 20 固定；

⑦ 将 O 形密封圈 27 和防尘圈 31 装在缸盖 29 上；

⑧ 将缸盖装入二级缸内；

⑨ 装上弹簧挡圈 30，将缸盖固定；

⑩ 按所在位置依次将导向环 6、鼓形密封圈 5、支撑环 4 及卡键 2 装入二级缸活塞上；

⑪ 将卡箍 3 放入卡键 2 的槽口内；

⑫ 将二级缸装入一级缸内；

⑬ 按所在位置依次将蕾形密封圈 21、挡圈 22、导向环 25、防尘圈 28、挡圈 17、O 形密封圈 16 装入导向套 14 内；

⑭ 将导向套 14 装在一级缸上；

⑮ 穿入方钢丝挡圈 15，将导向套 14 固定。

总之，组装步骤可按拆卸步骤从后向前进行。

液压缸组装时应注意下列事项。

① 组装前要用清洗剂（例如煤油）清洗所有零件使之达到清洁度要求，然后，涂以适当油脂；

② 清除毛刺和锐角，特别是缸体供液口上的毛刺和锐角，防止组装时损坏密封件；

③ 注意密封圈安装方向，O形密封圈无方向，但与挡圈配合使用时，要注意挡圈的安装方向；

④ 组装过程中，应注意不使密封件受损；

⑤ 对于方钢丝式缸口结构来说，组装时方钢丝挡圈一般换用新件。

二、操纵阀的拆装与检修

目前国产液压支架中使用较多的操纵阀为片式组合操作阀，下面以ZC（A）型操纵阀为例说明拆装和检修过程。

1. ZC (A) 型操纵阀的拆装

如图3-9所示，具体拆卸步骤如下。

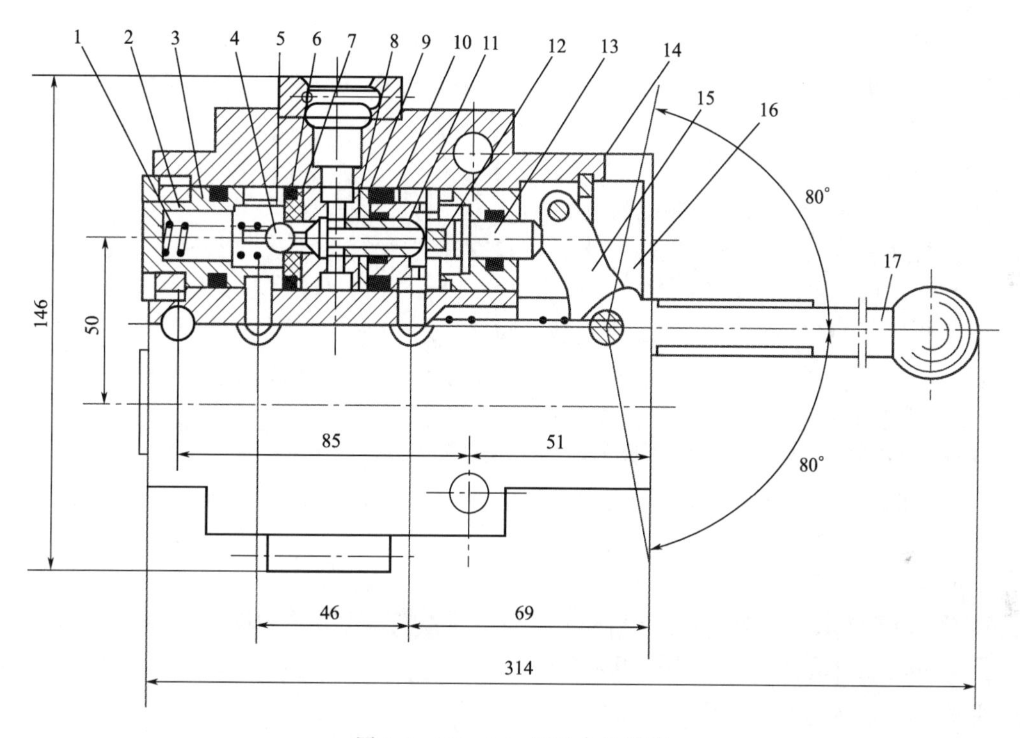

图3-9　ZC（A）型组合操纵阀

1—弹簧；2—空心压紧螺钉；3—端套；4—弹簧座；5—钢球；6—密封圈；7—阀垫；8—定位套；9—密封圈；10—上是阀套；11—阀柱；12—垫座；13—阀杆；14—半环；15—压块；16—阀体；17—手柄

① 使用专用扳手拧出空心压紧螺钉2；

② 取出端套3；

③ 取出弹簧1、弹簧座4、钢球5；

④ 取出手柄穿销（可拧入一个螺钉，拨动螺钉时连同销子一起拔出）；

⑤ 取下手柄17；

⑥ 压下压块15，取出半环14；

⑦ 将压块15向外拉出，可将定位套、阀杆13、垫座12等一起挤出；

⑧ 使用端面光滑的尼龙棒轻轻敲击，可将阀体16内的零件从左或从右一起挤出。

拆卸过程中应注意保护紧靠阀体的O形密封圈。尤其是当O形密封圈过孔时更容易被棱角挤伤，注意保护阀座与钢球的密封面和阀垫与阀柱 11 的密封面。

2. ZC (A) 型操作阀的检查

操纵阀拆卸后，主要检查下列事项。

① 各零件的外观状况及表面粗糙度；

② 放置密封沟槽的变形状况及表面粗糙度；

③ 各密封件的变形状况，完好程度，是否老化；

④ 弹簧的变形情况、完好程度；

⑤ 当压块 15 下压时，阀垫 12 与阀柱 11 间的密封状况；

⑥ 压块 15 未压下时，钢球 5 与阀垫 7 间的密封状况。

3. ZC (A) 型操纵阀的组装

组装前要用清洗剂清洗所有零件，使之达到清洁度要求，然后，涂以适当油脂。若采用乳化液作为清洗剂时，对清洗乳化液的要求是：水和乳化油配比为 95∶5，加热温度为80～100℃。

具体组装步骤如下。

① 将 O 形密封圈及挡圈装在端套 3 上；

② 将端套 3 装入阀体 16 孔内（从图中位置右端装入）；

③ 将空心压紧螺钉 2 拧入阀体（不要完全拧入）；

④ 将弹簧 1、弹簧座 4、钢球 5 依次装入阀体孔内；

⑤ 将 O 形密封圈 6 放入阀体孔内，然后装入阀垫 7（注意不要将 O 形密封圈装入阀座再一起装入阀体孔内，以免 O 形密封圈过孔时被挤坏）；

⑥ 将定位套 8、阀柱 11、密封圈圈 9 依次装入阀体孔内；

⑦ 将上阀套 10 上的内、外 O 形密封圈与挡圈先放入阀体孔内（内 O 形密封圈和挡圈套在阀柱 11 上），然后装入上阀套 10；

⑧ 将垫座 12 装入阀杆 13；

⑨ 将 O 形密封圈及挡圈装在上端套上，然后将上端套套装在阀杆 13 上；

⑩ 将阀杆组件和垫圈一起装入阀体孔内；

⑪ 将重心弹簧装入阀体内；

⑫ 将压块 15 用圆柱销固定在定位套上，然后一起装入阀体内；

⑬ 将压块 15 向阀体内敲打，然后将半环 14 装入卡住定位套；

⑭ 通过手柄穿销将手柄 17 固定在阀体上；

⑮ 最后拧紧空心压紧螺钉 2。

当各片阀装好后，将首片阀、中片阀和尾片阀依次用螺栓连接起来。

当使用带槽研具钻孔时，应使研具座（或零件）的旋转方向与螺旋槽方向相反进行。

4. 操纵阀的检修工艺

① 清洗。拆检前，首先要清洗阀的外部，特别要清洗阀壳的凹沟部位。

② 拆卸。操纵阀的拆卸要用专用工具按图纸顺序拆卸，拆下的零件经过清洗放入专用盘中，以防二次污染或丢失，以及进一步损坏。

③ 检修。所有的零件都要仔细检查，不能使用的零件必须更换，复用件必须清洗、修整。阀壳体要清洗干净，每个沟槽、通孔都要用清洗液冲洗，并用新鲜干燥的风吹干，然后再用探针检查各通道，要求保证其畅通无阻。

④ 组装。装配时按顺序组装，切不可用锤头敲打。

⑤ 试验。组装好的阀按照检修质量标准试验合格后，通道必须用塑料盖封好。

5. 液压支架阀类故障的综合分析

液压支架所用液压阀的数量要比立柱和千斤顶的数量多，但在整个支架中，液压阀又往往处于次要地位，不像立柱和千斤顶那样受人重视。由于数量上的优势和在重视程度上的劣势，所以支架使用中的事故往往发生于液压阀。

液压阀尽管品种很多，而且结构各异，但其在液压系统中所起的“开”、“关”作用却是基本相同的。液压阀主要由阀壳、阀体、阀芯、阀座、阀杆、弹簧、密封元件和连接件等组成。阀芯和阀座的组合称为阀的关闭件或闭锁件，闭锁件是直接影响液压阀可靠性的重要部件，它是液压阀的核心元件，必须关闭密合严实，否则要影响支架的正常工作。此外，其他元件和液压支架的工作液，也容易造成液压阀的故障。下面就液压支架类故障做一综合分析。

(1) 阀芯故障

阀芯主要可分为球面阀芯（圆球）、锥面阀芯、圆柱阀芯和平面阀芯等。由于阀芯的缺陷，将造成液压阀因关闭不严而漏液。常见的阀芯故障有：

① 密封面研磨的不好或表面粗糙度太大而漏液。

② 由于经常受到液体的冲刷，使其密封表面腐蚀。

③ 在乳化液中的杂物，特别是铁屑的作用将密封表面划伤。

④ 阀球或阀锥成椭圆，与阀座关闭不严而泄漏。

⑤ 长期使用后，阀芯磨损而漏液。

⑥ 焊渣、铁屑、煤尘和其他机械杂质等混入乳化液中，卡堵阀芯，使阀不能关严。如堵塞过滤网，则影响阀的动作。

⑦ 由于乳化液中的铁屑、焊渣和其他机械杂质划伤阀芯，或者嵌入阀座中，使阀密封性能遭到破坏。

(2) 阀座故障

阀座是重要的密封元件之一，其材质一般是聚甲醛尼龙或金属。由于它经常受到阀芯的锤击和液体的冲刷，很容易损伤而造成阀窜液。阀座的常见故障有：

① 密封面经常受高速流动介质的冲刷而损伤。

② 乳化液中的金属屑刺入尼龙阀座中，造成阀芯和阀座关闭不严。

③ 由于阀芯和阀座轴线不同心，造成二者接触周边不均匀而漏液。

(3) 阀杆故障

阀杆是液压阀的运动件或受力件，其常见的故障主要有：

① 由于阀杆或阀针弯曲，使阀芯和阀座关闭不对中。

② 由于阀杆材料选择不当或热处理不当，造成在使用中端部打毛或脆裂。

③ 在长期使用中，阀杆被介质腐蚀、冲刷而损坏。

(4) 阀体故障

阀体是液压阀的母体，阀的各元件均装在阀体之内。阀体的常见故障有：

① 由于阀体加工时有隐形裂纹等缺陷，使用中在高压液的作用和外界撞击下产生裂缝而漏液。

② 阀出厂时，对加工中的工艺孔堵塞不严密而造成使用中漏液。

③ 阀体和管接头或其他的连接口的螺纹或密封面损坏，造成连接部位漏液。

(5) 弹簧故障

液压阀中使用的弹簧主要是圆柱螺旋压缩弹簧，其次也用蝶型弹簧。弹簧一般是关闭密封副的重要元件。其常见故障有：

① 由于长期使用而疲劳，引起液压阀故障。

② 由于加工时对弹簧热处理不当，在使用中弹簧折断，造成液压阀故障。

③ 弹簧在安装时歪斜，使力的作用线偏移，造成液压阀故障。

④ 弹簧的弹力或工作行程不符合设计要求，影响液压阀的正常工作。

(6) 介质引起的故障

液压支架的常用介质是5%乳化油和95%中性软水按重量比配制而成的乳化液。如果配制乳化液的乳化油或水质不当，则容易引起液压阀故障。若乳化液中混入机械杂质，那就更容易造成液压阀故障。由介质引起的故障主要有：

① 由于使用乳化液的配比不当（小于3%），降低了乳化液的防锈性和润滑性，使阀件金属表面腐蚀，造成液压阀故障。

② 矿井水本身就是一种腐蚀性介质，在使用矿井水配制乳化液时，则加剧了对液压元件的腐蚀，造成液压阀故障。

③ 由于采用pH值小于5或大于10的水配制乳化液，增加了乳化液对阀件的腐蚀。

三、其他主要元件的修理

1. 更换后的锥面密封阀座的修理

锥面密封阀座一般用聚甲醛制成，更换后，应对密封锥面A进行二次加工，加工时以$\phi28$的圆为基准，保持锥面A与$\phi28$同心，加工后粗糙度不得大于$Ra1.6\mu m$，如图3-10所示。

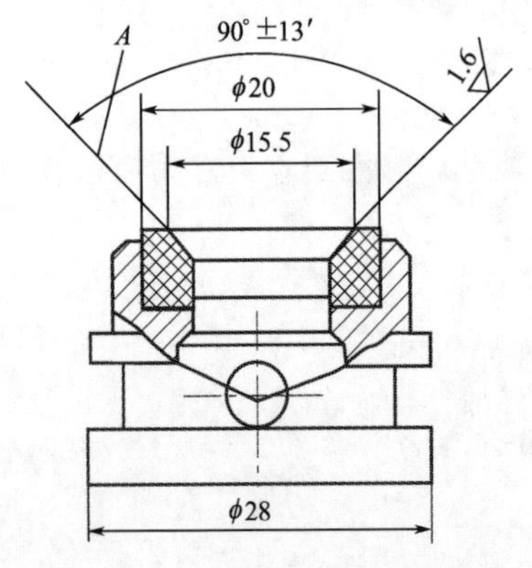

图3-10　锥面密封阀座的修理

2. 锥面密封阀座的修理

锥面密封阀座的材质一般是尼龙或聚甲醛，在使用中由于它经常受到阀芯的锤击和液体的冲刷，很容易损伤而造成阀窜液。为了保证阀座的密封可靠，需要对其锥面进行修理。当阀座锥面损伤深度小于0.2mm时，可用精度高、主轴径向跳动小的车床对损伤表面进行车削加工修理，要求车床卡盘三爪精度高，并经适当处理，加工后表面粗糙度不得大于$Ra1.6\mu m$。

3. 阀芯的修理

液压支架阀件的阀芯密封面一般分为平面、锥面、球面、圆柱面等几种密封行程，平面和圆柱面阀芯的密封为软硬密封副，锥面和球面阀芯密封为硬接触密封副，因为钢球和圆柱阀芯修理比较困难，下面只介绍平面和锥面阀芯的修理。

(1) 平面阀芯的修理

由于平面密封阀芯为软硬密封副，所以对阀芯密封平面的粗糙度要求并不很严。当阀芯密封平面损伤深度较小时，可用油石研磨修复；如果损伤深度较大，则用车床车削平面使其达到要求。

（2）锥面阀芯的修理

锥面密封阀芯的密封面要求比较高，既有形状要求，又有位置要求，所以在修复损伤表面时，需使用精度高的车床车削或磨床磨削损伤的圆锥面，使其符合形位公差要求，确保良好的密封性能。

4. 平面密封阀体磨损的修理

平面密封阀体磨损后的修理如图 3-11 所示。

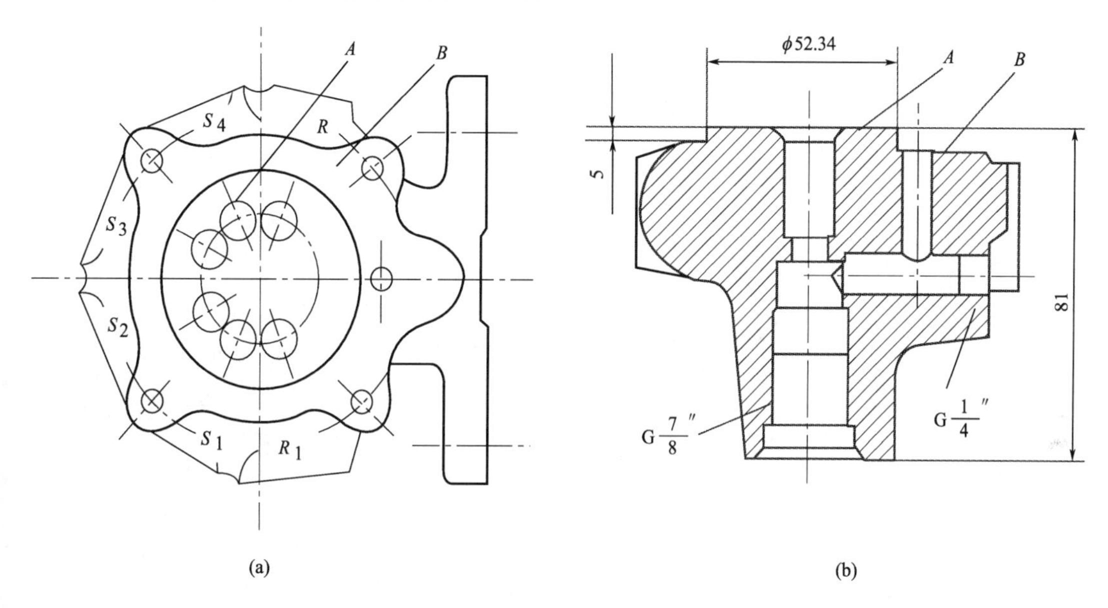

图 3-11　平面密封阀体的修理

① 在车床上对 A 面的沟痕进行粗车至无沟痕为止，表面粗糙度不得大于 $Ra0.8\mu m$。

② 用 180＃（公称粒度尺寸为 80～63μm）碳化硅研磨膏作研磨剂，在平台上对 A 面进行手工粗磨。

③ 用 W5 号白刚玉微粉配制氧化铝研磨膏，对 A 面进行细磨。

④ 在抛光轮表面涂以抛光研磨剂，抛光轮高速转动对 A 面进行抛光。

5. 阀体和阀套孔的修理

经过长期的使用，阀体和阀套孔在机械和液压的共同作用下，孔的密封面会不同程度地出现腐蚀斑坑，造成密封处漏液，从而加快密封件的磨损，破坏了液压阀的功能，影响了液压支架的正常使用，所以必须对其进行修理。

首先对阀体或阀套进行机械加工，将孔损坏处半径增大 0.3～0.55mm，然后把阀体或阀套固定在专用架上缓慢转动，用铜焊条采用气焊将已加工的内孔表面补焊至适当尺寸，不得有气孔砂眼，待冷却后进行车（或钻）削和绞孔，绞孔后粗糙度不得大于 $Ra1.6\mu m$。

6. 操纵阀磨损金属零件的修理

操纵阀的压块、凸轮、手把等零件，在配合处最容易产生摩擦，磨损后会影响操纵阀的使用性能。对于压块、凸轮、手把等磨损零件可用手工电弧焊补焊修理，使用堆 22 铬钨钼钒冷冲模堆焊焊条，堆焊后空冷，用砂轮修磨至原形状尺寸。

7. 液控单向阀接板的修理

液控单向阀接板平面与阀配合的液流孔周围产生的斑坑，影响了阀的密封性能，可以采用两种方法修理。一种是采用手工电弧焊补焊磨平；另一种是将斑坑处理后，直接看见基体材料，清洗后用德富康可塑钢修补剂粘补，固化后用砂布打磨平整。

8. 高压胶管快速接头的修理

快速接头或高压胶管损坏后可以切去损坏的接头或胶管，重新扣压，以长改短重复使用。具体修理方法如下。

① 检查旧胶管：检查接头及胶管损坏情况，如胶管多处损坏，则应报废，如接头损坏或胶管两端损坏，可以重新扣压接头。

② 切断：在切管机上切去损坏的接头或胶管。

③ 削皮：将切去接头的管头置于削皮机上，按规定长度削去胶管外层胶皮，如图 3-12 所示。

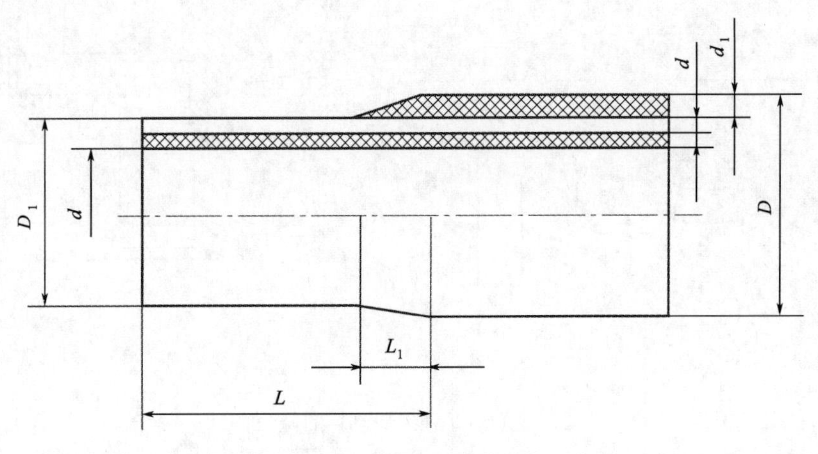

图 3-12 削皮后的胶管

④ 检查新接头：按图纸尺寸对准备扣压的接头芯子与外套逐个进行检测，确认完全符合图纸要求方可使用。

⑤ 装接头扣压：将合格的芯子与外套装入胶管头部，在扣压机上选择与接头相适应的扣压头进行接头扣压。

⑥ 安装 O 形圈与挡圈：选择与接头相符合的 O 形圈与挡圈，安装在新扣压的接头上。

分任务四 液压支架使用与安装

掌握液压支架安装顺序和方法。

能力目标

① 能掌握不同类型液压支架安装顺序；

② 能说出不同类型液压支架安装时的注意事项。

相关知识链接

一、支撑式液压支架的使用与安装

ZD4800/18.5/2.9 型垛式支架如图 3-13 所示，主梁 1 和前梁 2 用销轴 8 铰接；前梁梁端插入加长梁 11；前梁千斤顶 16 可使前梁向上摆动 24.3°，向下摆动 20.6°，以便使顶梁和顶板良好接触；主梁和尾梁 3 用销轴 12 和保险销 13 连接，当冒落的大块顶板覆盖到尾梁上时，把保险销剪断，尾梁绕销轴 12 落下，并由橡胶块缓冲（图中未画出）；4 根立柱两端均以球头支在主梁和底座的球面柱窝内，其上端用钢丝绳、下端用挡块限位；底座左右底箱两端用钢板连接为一体。这种结构对底板的起伏适应性好，且强度和刚性也较大，顶梁和底座均用锰钢板焊接的箱形结构。

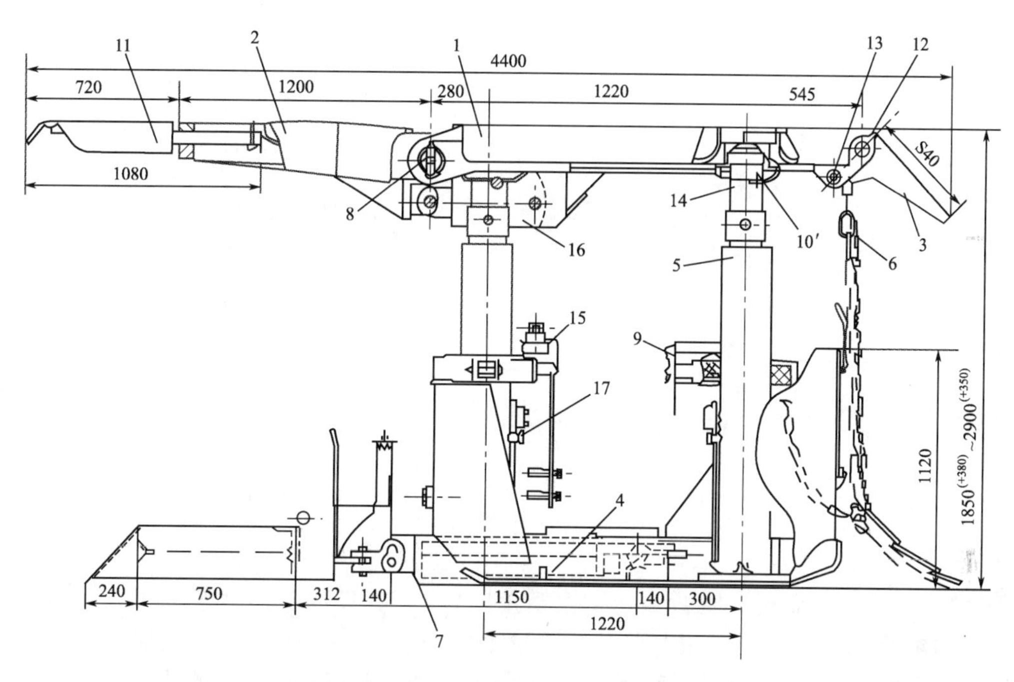

图 3-13　ZD4800/18.5/2.9 型垛式支架

1—主梁；2—前梁；3—尾梁；4—底座；5—立柱；6—挡矸帘；7，16—千斤顶；8，12—销轴；9—复位橡胶；10—钢绳；11—加长梁；13—保险销；14—加长杆；15—操纵阀；17—立柱控制阀

立柱为双作用单伸缩缸，缸径 ϕ220mm，活柱外径 ϕ112mm，行程 1050mm 必要时可利用 300mm 的加长杆 14 增加支撑高度，扩大其使用范围。

移架时顶板对顶梁的摩擦力使立柱后倾，装在底座上部的复位橡胶 9 受到后倾立柱的压迫时能产生 30～50kN 的弹性恢复力，将立柱扶正，使之垂直在顶梁和底座间。有的垛式支架采用复位千斤顶使后排立柱复位，移架时复位千斤顶 4 活塞杆推出（如图 3-14 所示），通过复位横梁 2 使后排立柱保持直立。挂在支架后部的挡矸帘由 6 条链子和若干片钢板焊接而成，用来阻挡矸石落入作业空间。

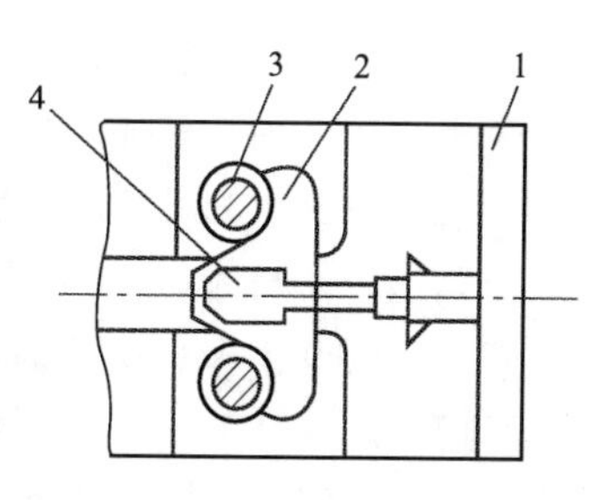

图 3-14　复位千斤顶

1—底座后踏板；2—复位横梁；3—后排立柱；4—复位千斤顶

二、掩护式支架的使用与安装

ZY3200/13/32型缓倾斜煤层支架如图3-15所示，适用于直接顶中等以下，或老顶周期采压不明显和明显的顶板，煤层倾角≤35°，底板抗压强度不超过10MPa的场合。顶梁为铰

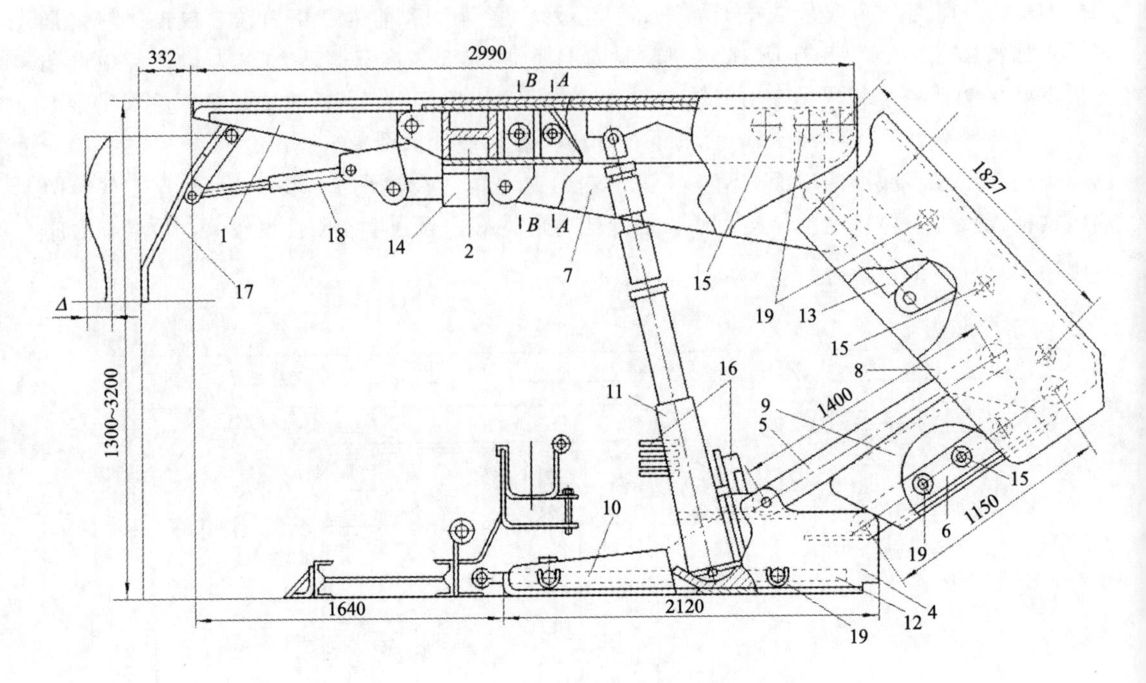

图3-15 ZY3200/13/32型缓倾斜煤层支架

1—前梁；2—主梁；3—掩护梁；4—底座；5、6—连杆；
7、8、9—侧护板；10—推杆；11—立柱；12—推移千斤顶；13—平衡千斤顶；14—前梁千斤顶；
15—侧推千斤顶；16—操纵阀和控制阀；17—护帮装置；18—耳座；19—弹簧筒组件

接梁，主梁由4条主筋板（厚度30mm）、适量的横筋板和上下盖板（厚度16mm）组焊接成箱形结构。两侧各有两个安装侧推千斤顶和弹簧筒的孔，使两侧的侧护板都是活动的。前梁在千斤顶的作用下可向上或向下摆动一定的角度，以加强近煤壁顶板的支撑、改善接顶性能和煤层厚度变薄时便于支架推进。掩护梁和底座的内部结构和顶梁相同。两根前连杆和整体后连杆全为焊接件，后连杆两侧也有活动侧护板，钢板材料均为16Mn。

平衡千斤顶是支顶式掩护支架必不可少的部件，除使支架成为稳定的结构外，还可调节顶梁和顶板的接触状态，使之接触良好。

采用带机械加长杆的单伸缩双作用立柱可满足调高要求。

顶梁、掩护梁和后连杆每侧的活动侧板上共有4个侧推千斤顶，支架正常工作时，6个弹簧的总推力使相邻支架的侧护板相互靠紧，侧推千斤顶仅在调架时使用。一般在工作面倾斜方向上方的侧护板是固定的，下方是活动的。

掩护梁、前连杆、后连杆和底座构成的四连杆机构，能承受纵向水平载荷，支架在调高范围内梁端距的变化量也由这个机构决定。该支架梁端距变化量为70mm。

护帮装置在前梁端部，防止煤壁片帮伤人。如图3-16所示，锁块3绞装在前梁上，压缩弹簧使锁块产生绕销轴顺时针摆动的力矩，将收回的护帮板2锁住。在护帮板伸出时，护帮板端部的斜面推动锁块退让，使护帮板脱离锁块。

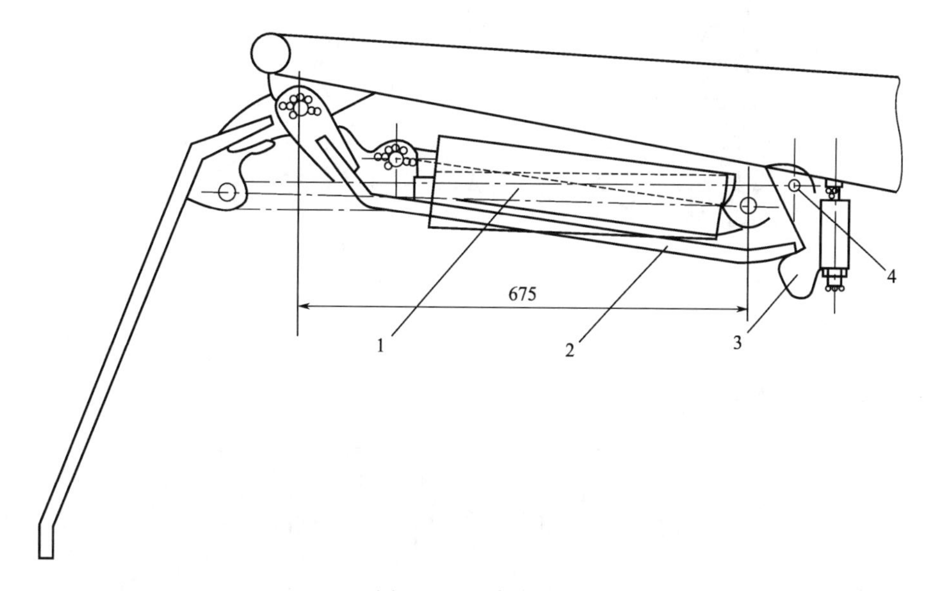

图 3-16　护帮装置

1—护帮千斤顶；2—护帮板；3—锁块；4—销孔

推移千斤顶缸体上的支轴安装在底座中央凹槽的两侧的耳座 18 上（如图 3-15 所示），活塞杆端与推杆 10 铰接，推杆的另一端通过接头与输送机溜槽铰接，推移千斤顶（如图 3-17 所示）的活塞 1 在活塞杆靠缸口侧轴向不定位。可在活塞杆上浮动，这样可使移架力大于推溜力。

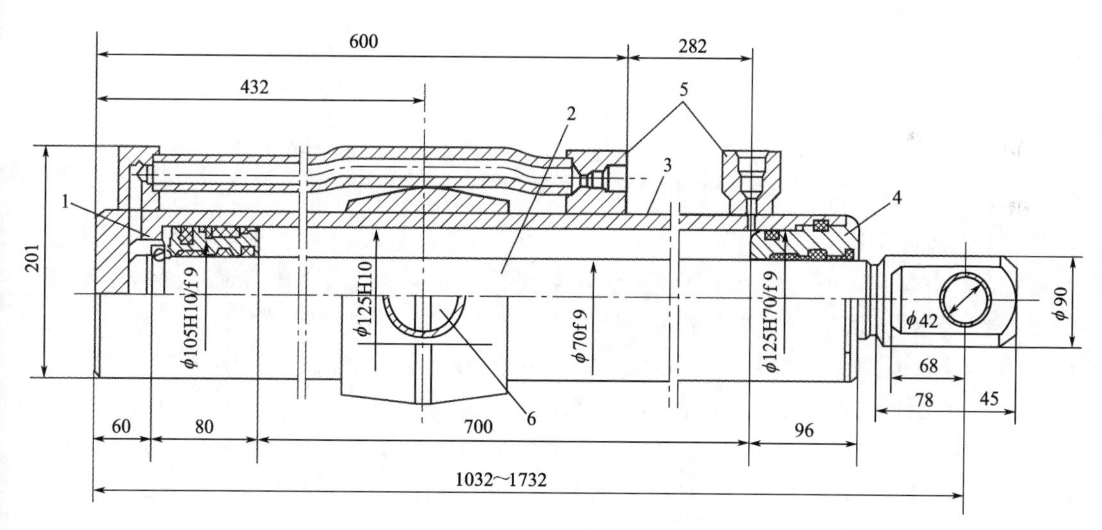

图 3-17　浮动活塞推移千斤顶

1—活塞；2—活塞杆；3—缸体；4—缸盖；5—接头；6—支轴

当工作面煤层倾角＜15°时，只在工作面下端三架支架上安装防倒、防滑装置（如图 3-18 所示），即它们的顶梁用防倒千斤顶 4 互相拉住，它们的底座间用调架千斤顶 5 互相拉住，缸体铰接在第一架底座下侧的防滑千斤顶 6 通过链条 7 并绕过导链器 11 与第三架支架后端固定，以防止底座下滑，或用来纠正已下滑的支架。

当煤层倾角≥15°时，工作面全部支架的底座都要装调架千斤顶，这样可使支架在倾角

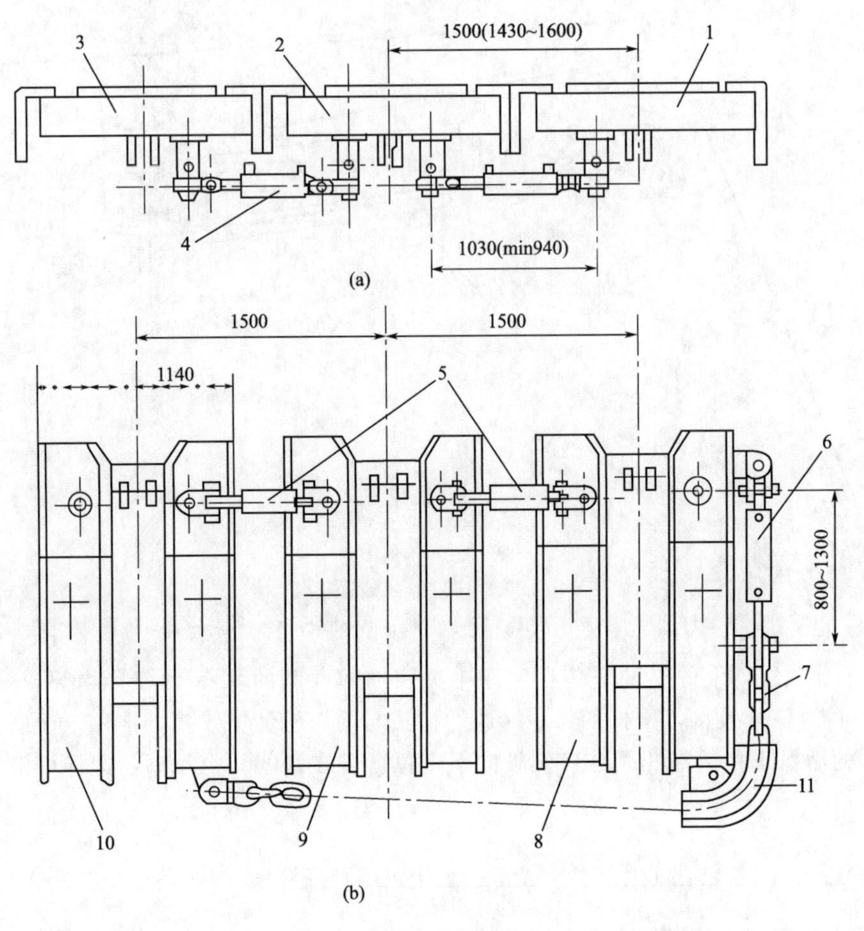

图 3-18 防滑防倒装置

1，2，3—排头支架顶梁；4—防倒千斤顶；5—调架千斤顶；6—防滑千斤顶；7—链条；8，9，10—支架、底座；11—导链器

＜35°的工作面可靠地工作。

当倾角＞12°时，每5架千斤顶装一组由防滑千斤顶2、链条3组成的输送机防滑装置(如图3-19所示)。该支架为先移架后推溜的及时支护装置，图中实线为移架后输送机与支架的相对位置。此时，防滑装置两铰点间的距离为5175mm。推溜过程中防滑千斤顶伸长80mm，两铰点间距离增为5255mm。若先移动支架（2）或（3），由于支架立柱与链条间距离 L 小于移架步距600mm，故在移架过程中链条被顶成折线，千斤顶活塞杆腔压力升高到42MPa，安全阀泄液，活塞杆伸出，防滑千斤顶两铰点间的距离分别为5390mm和5270mm。

ZY3200/13/32型支架液压系统如图3-20所示，乳化液泵站推出的高压乳化液，经过胶管内径 ϕ19mm的主供液管送到工作面，泵站的额定工作压力为35MPa，再经各支架的截止阀1、过滤器2、胶管（ϕ19）将高压乳化液引到操纵阀3，再经胶管（ϕ13）引到各立柱和千斤顶，回液经单向阀4进入主回液管（ϕ25），然后返回泵站。

排除支架故障时，用该架的截止阀切断压力油，并断开单向阀和操纵阀间的接头，故不影响工作面其他支架正常工作。值得注意的是，推移千斤顶的油路上没有液控单向阀，移架时为了防止将输送机拉向采空区，应将相邻支架的推移操纵阀手柄放到推溜的位置上。从系

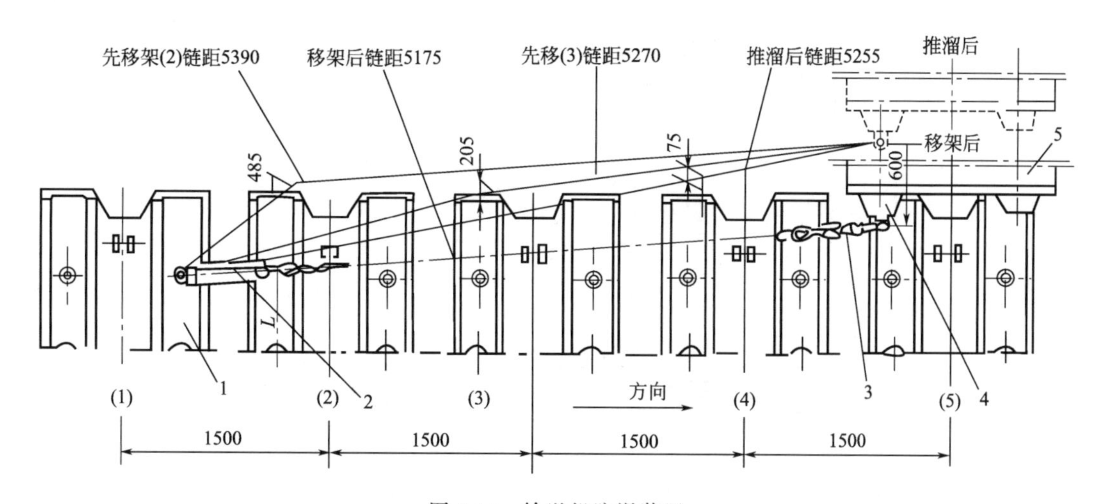

图 3-19　输送机防滑装置

1—支架底座；2—防滑千斤顶；3—链条；4—耳座；5—输送机

统中还可看出，移架时护帮板同时收回，护帮千斤顶两腔油路上都装有控制阀，可把护帮板固定在要求的位置上，可防止过载。顶梁、掩护梁和后连杆侧护板应分别推出，以方便调架，但需同时收回。立柱、前梁千斤顶活塞腔和平衡千斤顶两腔为承载腔，均装有控制阀。该支架选用 ZAC 型控制阀，KDF_x 型液控单向阀，SKS_1 型双向液压锁和 YF_4 型安全阀。

ZYR3400/25/47 型厚煤层一次采全高“三软”液压支架，如图 3-21 所示。

它是我国“七五”期间的一项研究成果。它适用于直接顶破碎（软顶板），煤质松软（$f<1$），底板岩石抗压强度低（<1.5MPa）的条件，可采 4.5m 厚的煤层。

它的特点为：

① 采用短顶梁、插入掩护式架型，短顶梁对顶板的重复支撑次数少，以免顶板进一步破碎。底座长，与底板接触面积大，对底板接触比压小，其尖端比压为 1.12～1.67MPa。

② 初撑力 1302×2kN，为工作阻力的 76.6%，以保持控顶范围内顶板的稳定性。

③ 梁端初撑力为 1000kN，而一般支架仅为 120kN，在近煤壁 1.5m 范围内的平均支架强度为 0.5MPa，一般支架强度为 0.1MPa，有利于维护好近煤壁顶板和煤壁片帮。

④ 采用加长型护帮装置，总护帮高度达 2m 以上，伸出伸缩梁并挑起（可挑起 10°）护帮板，还可进行超前支护。对于片帮高度和深度都较大的松软厚煤层有较好的适应性。

⑤ 梁端距为（350±30）mm。

⑥ 为了增强支架的稳定性，各构件铰接运动副的径向间隙小（1mm），侧护板长度、宽度较大，在相邻支架出现较大的高度差和前后差一个移架步架时彼此能重叠，顶梁、掩护梁、连杆和底座强度较高，构件抗扭能力较强，梁端轨迹从上到下向煤壁方向倾斜，使顶板对顶梁的摩擦力方向始终指向采空区，增强了纵向稳定性。

⑦ 推移千斤顶 2 和推移框架铰接后又分别与支架底座和输送机溜槽铰接，如图 3-22 所示。移架力为 482.5kN，大于推溜力 304.5kN。

三、支撑掩护式支架

ZZ7200/20.5/32 型“三硬”支架，如图 3-23 所示，适用于坚硬难冒顶顶板。

其特点是：

① 工作阻力大（72000kN），支护强度高（0.98～1.078MPa），切顶能力强。

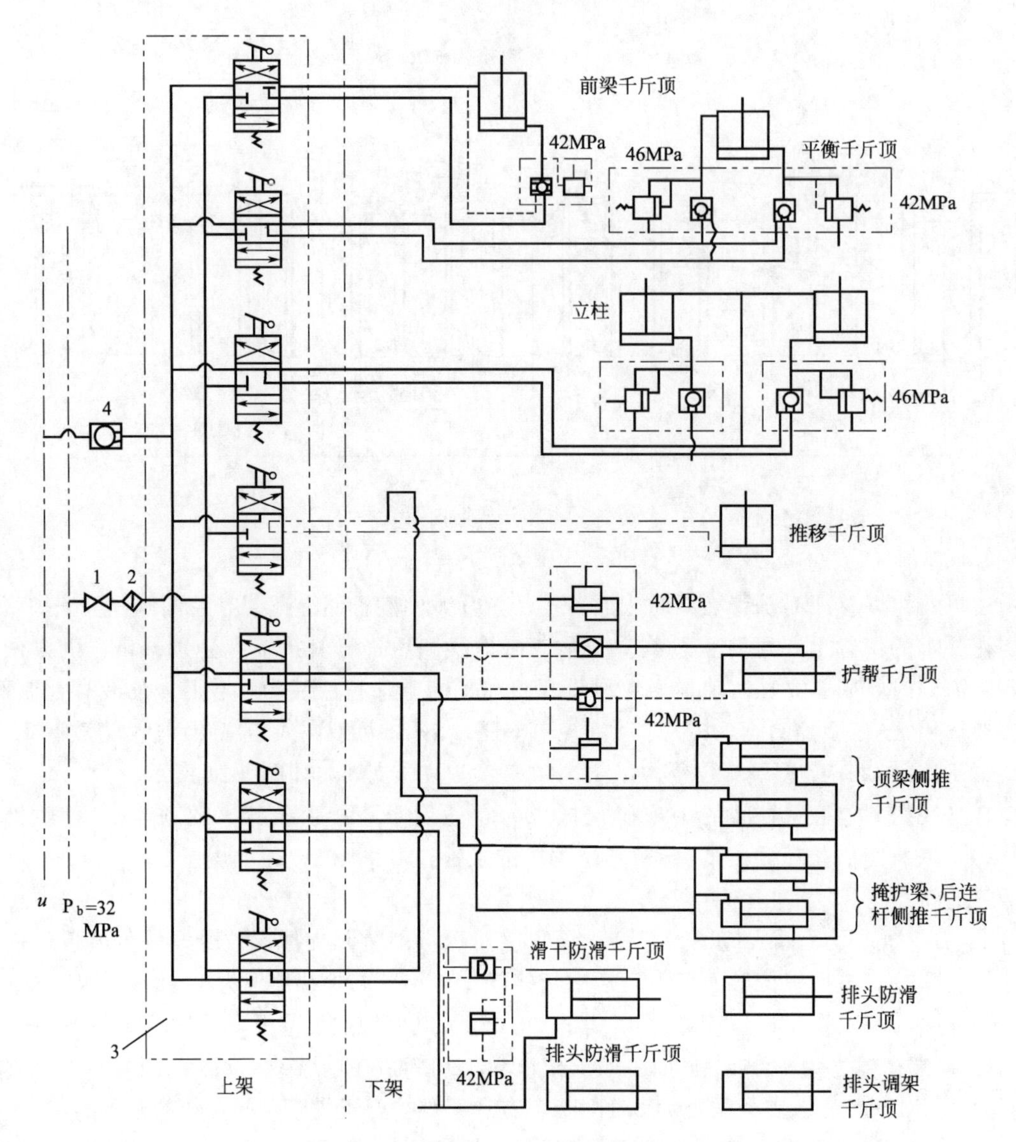

图 3-20　ZY3200/13/32 型支架液压系统

1—截止阀；2—过滤器；3—操纵阀；4—单向阀

② 顶梁尾端垂直，连杆短粗，掩护梁陡峭，掩护梁露出顶梁尾端的长度很小（185～630mm），因而大块顶板冒落时对支架的水平冲击力小，使支架构件损坏率大为下降。由于上述结构原因，前连杆下铰接点移到立柱前面，故前连杆单根置于后排立柱中间。

③ 立柱采用充液活柱，如图 3-24 所示，下腔设有中流量安全阀 1（YF_{1B}，调定压力 42.43MPa）和大流量安全阀 2（流量 10 000L/min，调定压力 4.51～46.1MPa）。平时中流量安全阀起作用，顶板周期采压时大流量安全阀开启溢流，迅速释放柱内高压液体，保护支架安全。充入空心活柱内的乳化液在高压下的弹性压缩可提高支架的抗冲击性能。经计算，在同样条件下这种立柱的让压量增加 56%～226%。

④ 顶梁一侧用固定侧护板，另一侧用活页式活动侧护板，在顶梁不受载和承受偏载的情况下仍可收缩。同时，由于侧推千斤顶敞开布置在顶梁下面，便于维护，顶梁强度也未消弱。掩护梁侧护板仍采用通常的重叠式结构。侧护板不设弹簧筒，架间相互靠紧由侧推千斤

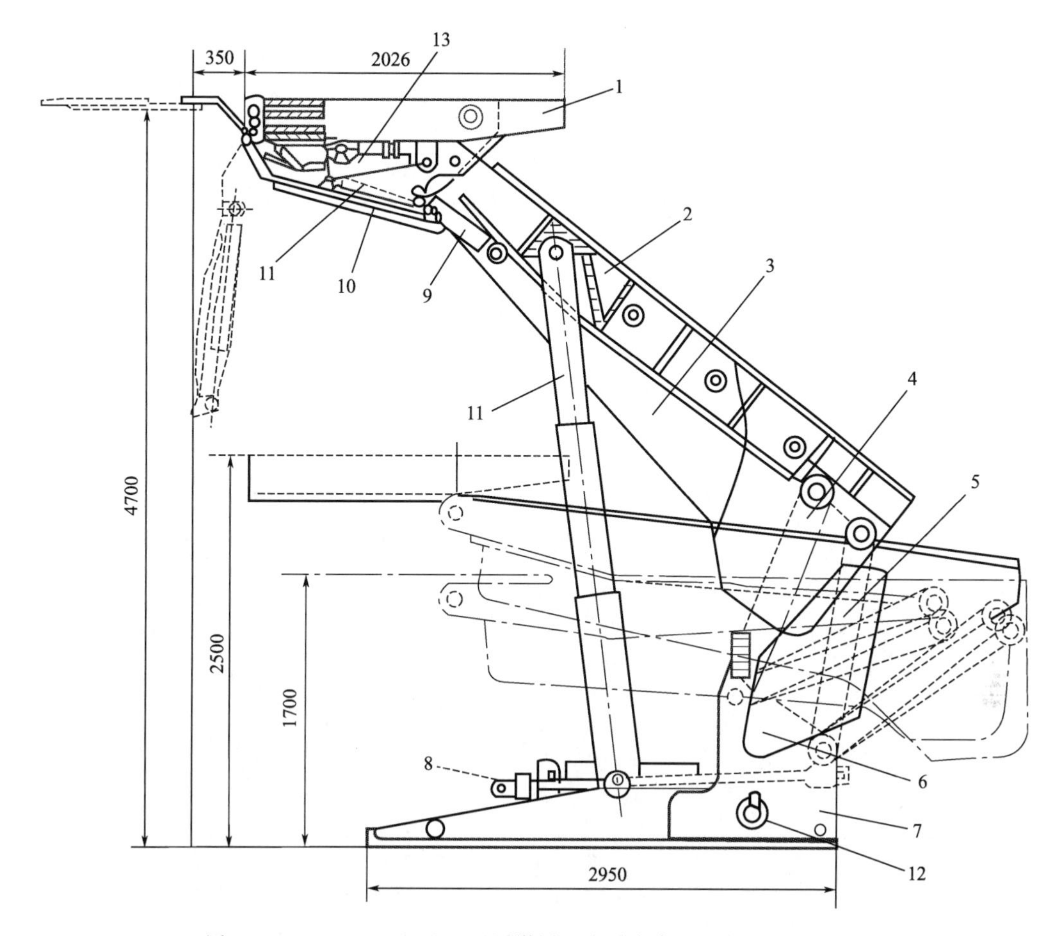

图 3-21　ZYR3400/25/47 型厚煤层一次采全高“三软”液压支架

1—顶梁；2—掩护梁；3、6—侧护板；4、5—前后连杆；7—底座；8—推移装置；9—限位千斤顶；10—护帮装置；11—立柱；12—底座调架千斤顶；13—护帮千斤顶

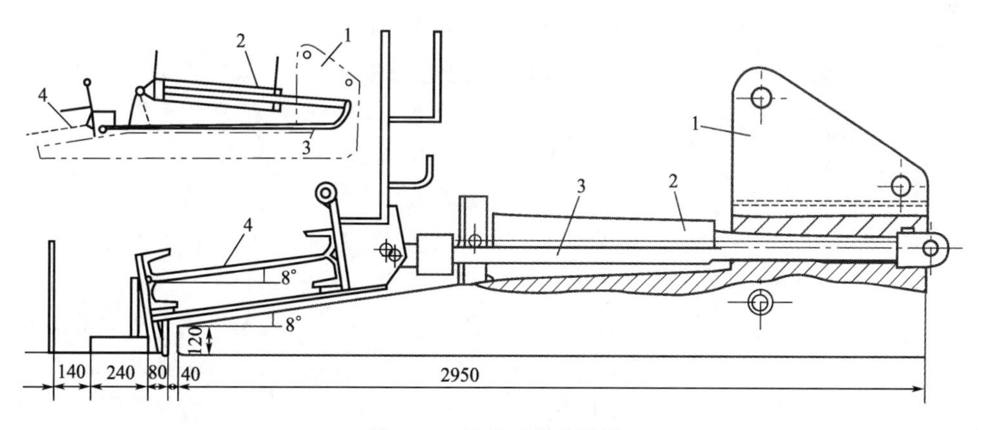

图 3-22　框架式推移装置

1—底座；2—推移千斤顶；3—框架；4—输送机

顶油路上的自控定压阀保证。

⑤ 推移装置除浮动活塞式外，还有短框架式（如图 3-25 所示），框架 2 和千斤顶 1 的铰接点 3 在靠紧输送机一端的缺口处，故框架长度较短。

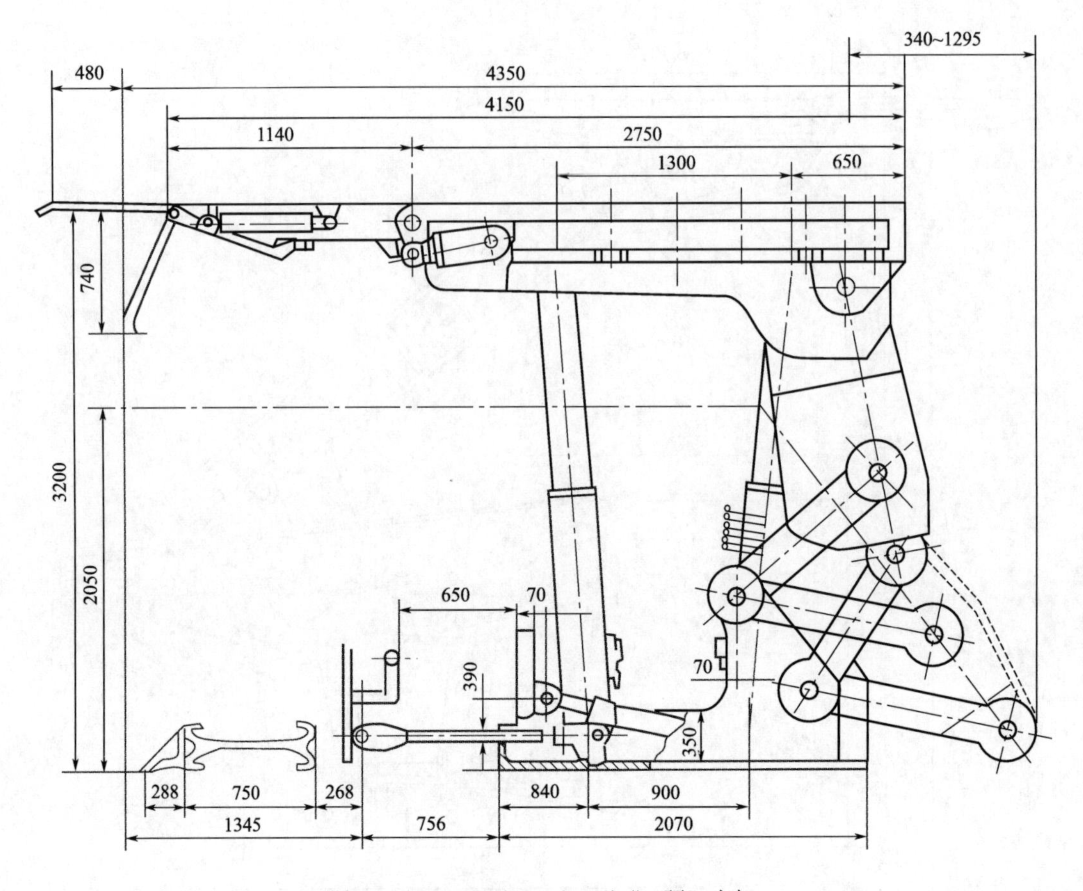

图 3-23 ZZ7200/20.5/32 型“三硬”支架

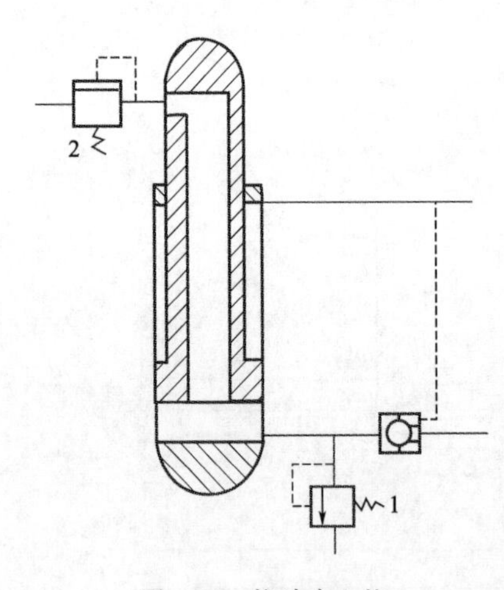

图 3-24 抗冲击立柱

⑥ 立柱下腔油路上接有初撑力保持阀，使初撑力不小于工作阻力的 60%。

四、单体立柱使用与安装

单体立柱包括木支柱、金属摩擦支柱、单体液压支柱、金属铰链顶梁、切顶支柱和滑移顶梁支架。

木支柱强度受材质影响很大，各支柱承载不均衡，回柱困难，效率低，回柱后复用率低，木材浪费量大，工作面顶板下沉量大，冒顶事故多，不安全，不适应机械化采煤；但其重量轻，适应性强。

金属摩擦支柱结构简单，重量轻，造价低，回柱后复用率高；但初撑力小且不均匀，支撑力受温度和湿度的影响大，容易造成工作面顶板不均衡下沉和破碎，影响安全生产，也无法保证足够的恒增阻降距。

单体液压支柱工作阻力恒定，各支柱承受载荷均匀，初撑力大，效率高，操作方便，工人劳动强度低，可实现远距离卸载，回柱安全，工作面顶板下沉量小，冒顶事故少。但构造比较复杂，如果局部密封失效，会导致整个支柱失去支撑能力，维护检修量大，维护费用高。

从安全状况的改善、工作面生产率的提高、辅助材料消耗量的降低以及最终实际维护费

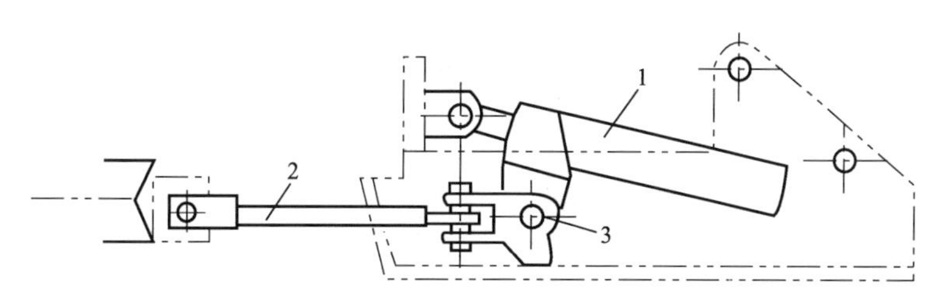

图 3-25　短框架推移装置

1—千斤顶；2—框架；3—铰接点

用的降低等方面来分析，单体液压支柱具有较明显的综合优势。

单体液压支柱在工作面的布置情况如图 3-26 所示，由泵站经主油管 1 输送的高压乳化液用注液枪 6 注入单柱 4。每一个注液枪可担负几个支柱的供液工作。在输送管路上并装有总截止阀 2 和支管截止阀 3 以作控制用。活塞式单体液压支柱按提供注液方式不同，分为外注式和内注式两种。

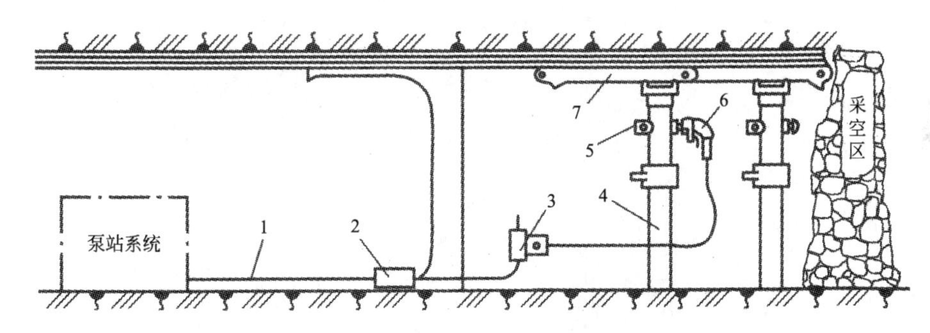

图 3-26　单体液压支柱工作面布置图

1—主油管；2—总截止阀；3—支管截止阀；4—单柱；5—三用阀；6—注液枪；7—顶梁

1. NDZ 型内注式单体液压主柱

国内外生产的各种类型的内注式单体液压支柱在结构上大同小异，差别不大。下面以 NDZ18-25/80 型为例说明内注式单体液压支柱的符号意义：

N——内注式，D——单体液压，Z——支柱，18——支柱最大高度，1800mm；

25——支柱额定工作阻力，25kN；80——油缸直径，80mm。

内注式单体液压支柱的结构如图 3-27 所示，它由顶盖、通气阀、安全阀、卸载阀、活塞、活柱体、油缸、手摇泵和手把体等部分组成。

(1) 通气阀

内注式单体液压支柱是靠大气压力进行工作的。活柱升高时，活柱内腔储存的液压油不断压入油缸，需要不断补充大气；活柱下降时，油缸内液压油排出活塞内腔。活柱内腔的多余气体通过通气阀排出；支柱放倒时通气阀自行关闭，防止内腔液压油漏出。NDZ 型内注式单体液压支柱采用重力式通气阀，其结构如图 3-28 所示，它由端盖、钢球、阀体、顶杆、阀芯和弹簧等部件组成。端盖 1 上装有两道过滤网，以防止吸气时煤尘等脏物进入活柱内腔。支柱在直立时钢珠 2 的重量作用在顶杆 5 和阀芯 6 上，从而使通气阀打开。这时空气经过滤网、阀芯 6 和阀体 3 之间与活柱上腔相通。

(2) 安全阀和卸载阀

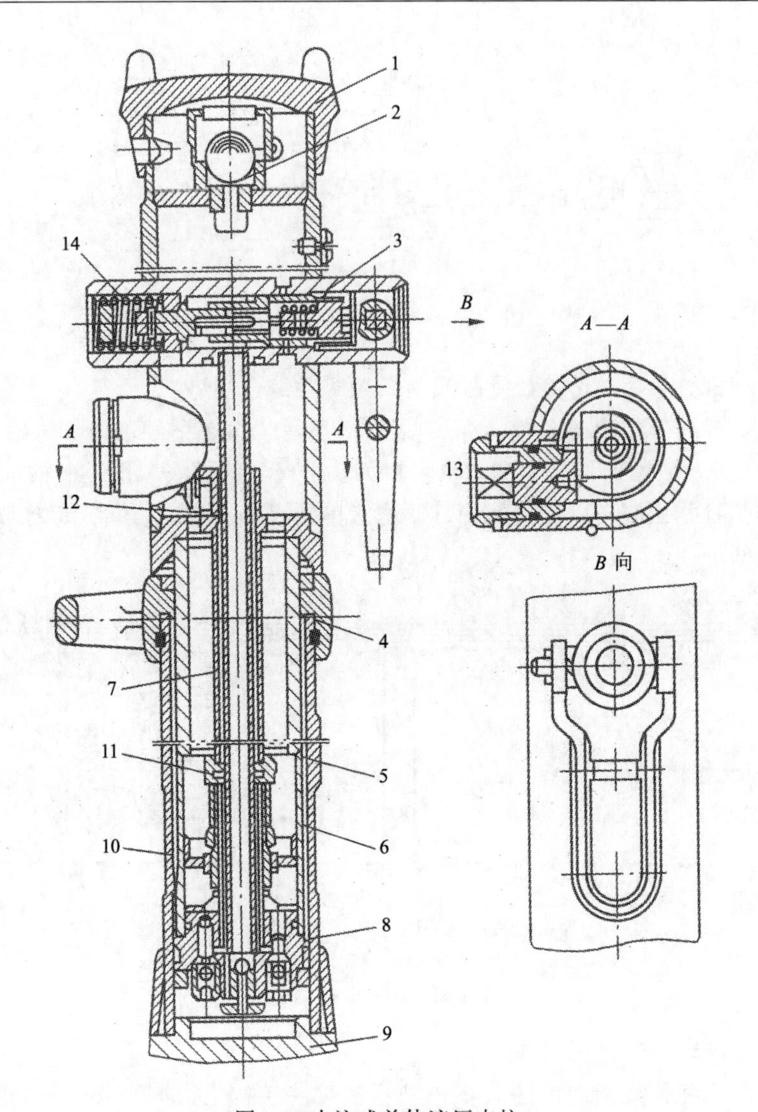

图 3-27 内注式单体液压支柱

1—顶盖；2—通气阀；3—安全阀；4—活柱体；5—柱塞；6—防尘圈；7—手把体；8—油缸体；9—活塞；10—螺钉；11—曲柄；12—卸载阀垫；13—卸载装置；14—套管

内注式单体液压支柱随着顶板的下沉，活柱要下降一点，但要求支柱对顶板的作用力应基本上保持不变，即支柱的工作特性是恒阻力，这一特性是由安全阀来调定保证的。同时安全阀又起着保护作用，使支柱不致因超载过大而受到损坏。安全阀和卸载阀如图 3-29 所示。

当支柱所承受的载荷超过额定工作阻力时，高压液体作用在安全阀垫 1 和六角形的导向套 2 上的推力大于安全阀的弹力，使弹簧 3 被压缩，安全阀垫与导向套一起向右移位而离开阀座。这时，高压液体便经阀针节流后从阀座与阀垫及导向套之间的缝隙外溢，使支柱内腔的液体压力降低，于是活柱下降。若支柱所承受的载荷低于额定工作阻力时，高压液体作用在阀垫和导向套上的力减小，这时阀垫和向导套在弹簧力的作用下，向左移动复位，关闭安全阀，高压液体停止外溢，支柱载荷不再降低，保证支柱基本恒阻。安全阀弹簧的压缩力量是由右边的调压螺钉来调定的，以适应不同的工作阻力。

内注式单体液压支柱在正常工作时要求卸载阀关闭。当回柱时，将卸载阀打开，使油缸的高压液体经该阀流回到活柱内腔，从而达到降柱的目的。卸载阀由卸载阀垫4、卸载阀座5和弹簧6等部件组成。为了减少卸载时高压液体运动阻力，提高密封性能，将卸载阀垫密封面制成圆弧形。

(3) 活塞

活塞是密封油缸和活柱在运动时的导向装置，其上装有手摇泵和有关阀组，如图3-29所示。

它由进油阀K1、单向阀K2、活塞头3、泵套1、过滤网2和导向环7等部件组成。支柱工作时，活塞靠导向环7导向，可减少摩擦和损坏，保护油缸镀层，耐油橡胶制成的Y形密封圈起密封油缸的作用。随着油缸中液体压力的增大，作用在Y形密封圈唇边上的力也逐渐加大，从而保证了唇边紧贴在油缸上，提高了支柱的密封性能。为了避免Y形密封圈在高压液体的作用下挤入活塞与油缸之间的间隙中，在Y形密封圈上装设皮碗防挤圈8，从而提高Y形密封圈的强度，使其不易损坏。

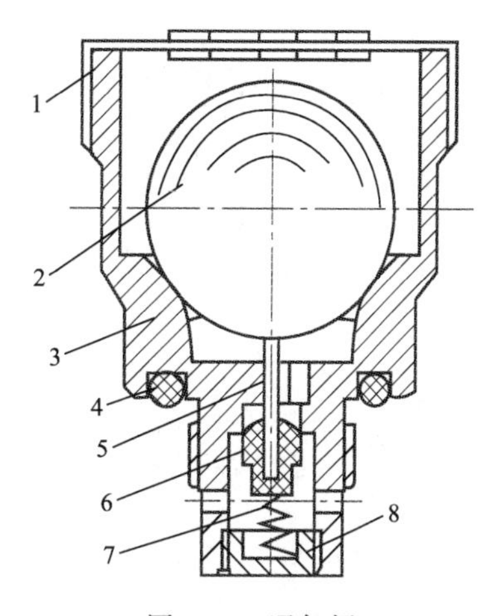

图3-28　通气阀

1—端盖；2—钢珠；3—阀体；4—密封图；5—顶杆；6—阀芯；7—弹簧；8—螺母

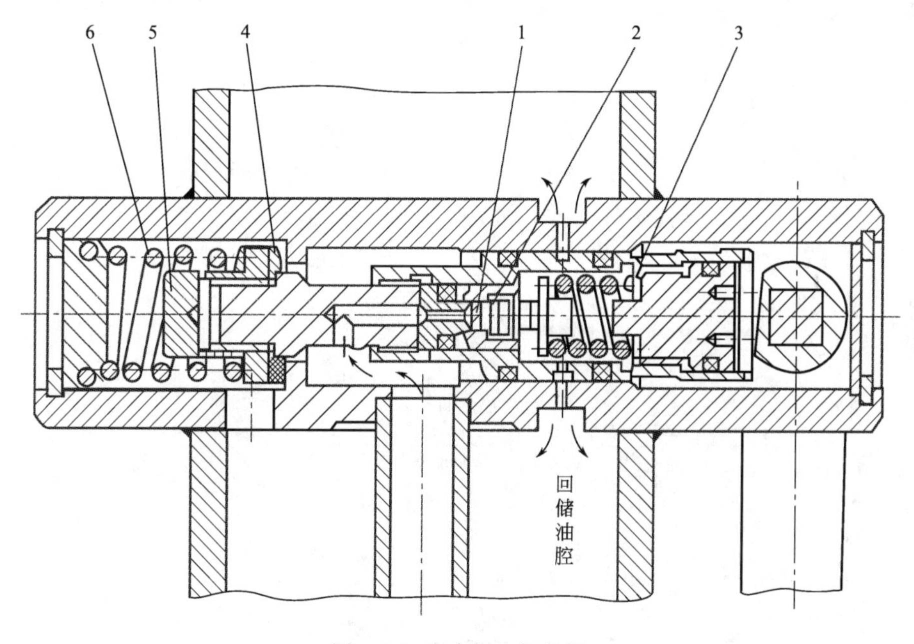

图3-29　安全阀和卸载阀

1—安全阀垫；2—导向套；3，6—弹簧；4—卸载垫；5—卸载阀座

2. DZ型外注式单体液压支柱

外注式单体液压支柱的结构比内注式单体液压支柱的结构简单，其结构如图3-30所示。它由外顶盖1、三用阀2、活柱体3、缸体4、卸载手把8、活塞6、复位弹簧5和底座7等部件组成。外注式单体液压支柱的油缸、活柱体、活塞、手把体和卸载装置等部件的结构及作用都与内注式单体液压支柱相同，下面介绍与内注式单体液压支柱不同的几个部件。

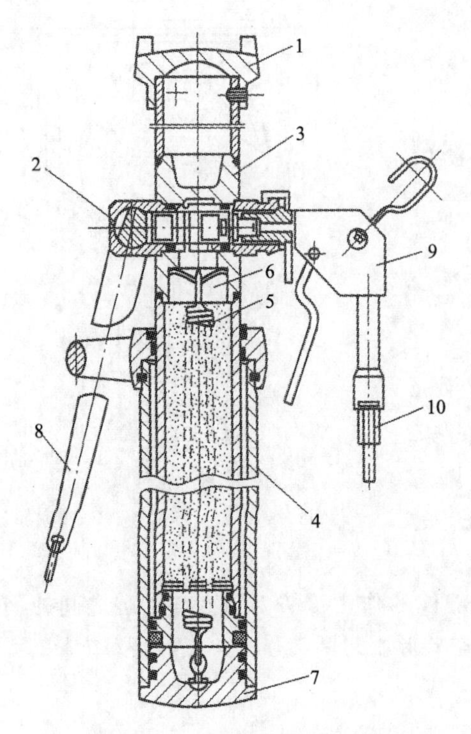

图 3-30 外注式单体液压支柱

1—外顶盖；2—三用阀；3—活柱体；4—缸体；5—复位弹簧；6—活塞；7—底座；8—卸载手把；9—注液枪；10—供液管

(1) 三用阀的结构

三用阀是外注式单体液压支柱的心脏，其结构如图 3-31 所示，它由单向阀、卸载阀和安全阀三部分组成。单向阀供单体液压支柱注液用，卸载阀供单体液压支柱卸载回柱用，安全阀保证单体液压支柱具有恒阻特性。DZ 型外注式单体液压支柱采用与 NDZ 型内注式单体液压支柱相同的安全阀、卸载阀及单向阀。所不同的是外注式单体液压支柱的三个阀组装在一起，便于井下更换和维修。使用时，利用左右阀筒上的螺纹将三用阀连接组装在支柱柱头上，依靠阀筒上的 O 形密封圈与柱头密封。

(2) 工作原理

DZ 型外注式单体液压支柱的工作原理与内注式单体液压支柱的工作原理相同，其动作过程可分为：升柱-初撑、承载和回柱三个过程。

① 升柱-初撑。

将注液枪插入三用阀的单向阀，卡好注液枪上的锁紧套。然后操作注液枪手把，泵站来的高压乳化液经单向阀和阀筒上的径向孔进入单体液压支柱下腔，活柱上升。当单体液压支柱顶盖使金属顶梁紧贴顶板，活柱不再上升时，松开注液枪手把，切断高压液体的通路，使单体液压支柱给顶板一定的初撑力，即完成升柱-初撑过程。

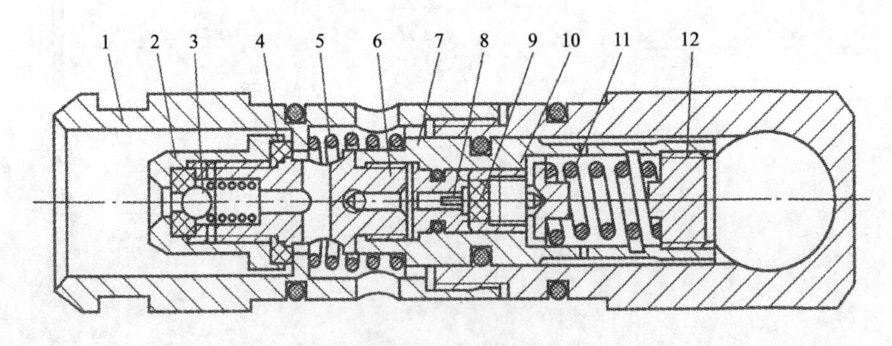

图 3-31 三用阀

1—左阀筒；2—注液阀体；3—钢球；4—卸载阀垫；5—卸载阀弹簧；6—连接螺杆；7—阀套；8—安全阀针；9—安全阀垫；10—导向套；11—安全阀弹簧；12—调压螺钉

② 承载。

随着支护时间的延长，工作面顶板作用在支柱上的载荷增加。当顶板压力超过支柱的额定工作阻力时，支柱内腔的高压乳化液将三用阀的安全阀打开溢出，支柱下缩，使顶板压力形成新的平衡。若支柱所承受的载荷低于额定工作阻力时，支柱内腔压力降低，在安全阀的弹簧作用下将安全阀关闭，停止外溢，使支柱对顶板的阻力始终保持一致，从而实现支柱的恒阻特性。

③ 回柱。

回柱时将卸载手把插入三用阀右阀筒卸载孔中，转动卸载手把，使安全阀轴向移动，打开卸载阀，支柱内腔的高压乳化液经卸载阀、右阀筒与注液阀体间隙喷到工作面采空区，活柱在自重和复位弹簧的作用下缩回复位，从而完成回柱过程。

3. 滑移顶梁支架

滑移顶梁支架是介于液压支架和单体液压支柱之间的一种支护设备，由顶梁与液压立柱组成，以液压为动力，前后顶梁互为导向而前移，一般适用于缓倾斜、顶极完整和网下开采的薄或中厚煤层网下放顶煤工作面，在端头支护中时有应用。

滑移顶梁立架按支撑方式分为卸载式与半卸载式两种。

卸载式滑移顶梁支架如图 3-32 所示，前梁和后梁可交替卸载滑移，滑移顶梁由箱体内装有推拉千斤顶的前梁和后梁组成，前、后梁之间用钢板连接，前梁可沿该钢板滑动。通过钢板前、后梁可互相将对方悬起，立柱分别支撑在前梁与后梁下方。

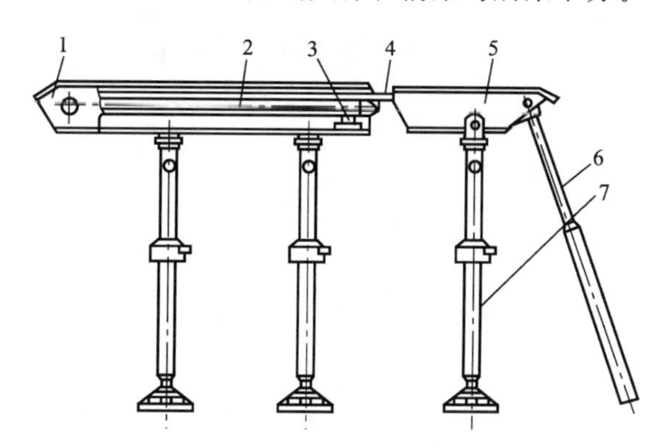

图 3-32　卸载式滑移顶梁支架

1—前顶梁；2—移架千斤顶；3—双向阀；4—钢板；
5—后顶梁；6—摩擦支柱；7—单体液压支柱

卸载式滑移顶梁支架的操作过程是：先将前梁卸载，此时后梁仍撑紧顶板并通过钢板将前梁连同其下方支柱悬吊起来，再利用推拉千斤顶将它向前滑移一个步距。待前梁下方支柱选好最佳支撑位置后进行升柱，使前梁撑紧顶板。然后后梁卸载，在钢饭作用下，后梁与下方支柱被悬吊起来，并借助推拉千斤顶作用，滑移一个步距。当下方支柱摆正位置后升柱，后梁撑紧顶板，支架完成一个工作循环。

半卸载式滑移顶梁支架如图 3-33 所示，在主滑移顶梁卸载时，尚有其他支护支撑或临时支撑顶板的滑移。半卸载式滑移顶梁支架的顶梁由前梁和后梁组成，在前梁和后梁上均有可滑动副梁，副梁上装有垫板和立柱。顶梁箱体中设有弹簧拉杆和推拉千斤顶。

半卸载式滑移顶梁立架的操作过程是：主前梁卸载，而前梁的副梁仍然支撑顶板，被悬吊的主前梁与立柱向前滑移一个步距，然后升悬吊立柱，使主前梁支撑顶板。随后将主前梁的副梁卸载，向前滑移一个步距后升柱，使副梁撑紧顶板，接着再使主后梁卸载，后梁上的副架仍然支撑顶板，被悬吊的主后梁与立柱向前滑移跟进一个步距，然后升悬吊立柱使主后梁撑顶板。最后将主后梁的副梁卸载向前滑移一个步距后升柱，使副梁撑紧顶板，主架完成一次工作循环。

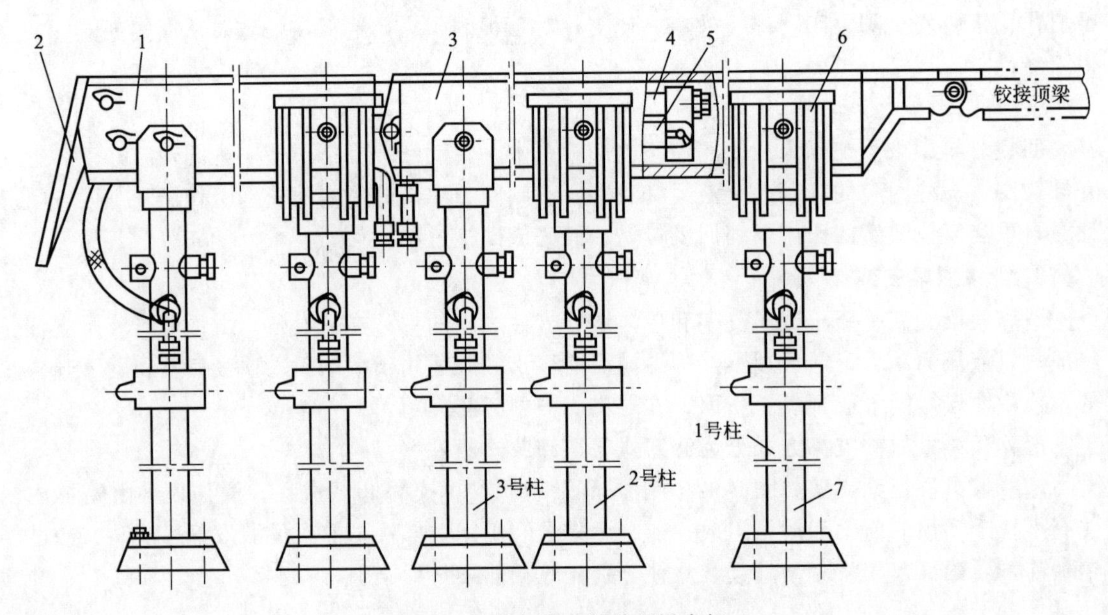

图 3-33 半卸载式滑移顶梁支架

1—挡矸板；2—主后梁；3—主前梁；4—拉杆；

5—推拉千斤顶；6—副梁；7—立柱

任务四　掘进机的操作与检修

随着机械化采煤的发展，巷道掘进已经由传统的钻研爆破法发展到综合机械化掘进。我国的机械化掘进按照机械化程度不同可分为普通掘进机械化和综合掘进机械化。

普通掘进机械化是利用钻爆法破碎岩石，用装载机把破碎下来的煤岩通过运输设备运走，由人工架设支架，用人工或者调度绞车运送支护材料和器材，通过局部通风机实现压入式通风，采用喷雾洒水的方式进行降尘。钻爆法主要用于硬岩巷道掘进，是目前我国在煤矿巷道掘进中采用的主要方法，其主要采用的设备是凿岩机、耙斗装岩机、蟹爪式装岩机等。由于耙斗式装岩机工作时易与岩（煤）块碰撞产生火花，因此，禁止在有高瓦斯的掘进巷道中使用钢丝绳牵引的耙斗式装岩机。

综合掘进机械化是利用悬臂式掘进机进行落装煤岩，通过桥式转载机和其他运输设备运送煤岩。用人工、托梁器、架棚机安装支架，利用绞车、单轨吊、卡轨车、铲运车、电机车运送支护材料和器材，用局部通风机进行压入式通风，用除尘风机进行降尘。这种方法适合于煤及半煤岩巷道掘进，其掘进速度和效率高、劳动强度低、生产安全和技术经济效益好。

综合掘进机械化工作面的设备布置有掘进机、桥式转载机、带式输送机、除尘器、风筒等。这些设备配合使用，在煤巷或半煤巷掘进工作面完成掘进工序。掘进机掘进比钻爆法掘进有许多优点：掘进速度高，成本低，利于支护，减少冒顶和瓦斯突出，减少超挖量，改善劳动条件，提高生产的安全性。

在掘进工作面上要完成钻孔、破碎岩石、装载和转载等工序，所需主要设备包括凿岩机、装载机和掘进机。

凿岩机：是完成在岩巷中钻凿炮眼的机械，如图 4-1、图 4-2 所示。

装载机：是完成掘进巷道中装煤岩工序的机械设备。

图 4-1　凿岩机

图 4-2　装载机

掘进机：直接从掘进工作面破碎煤岩，并通过本身的装载机构和运输机构将破落下来的煤岩装入矿车或其他运输设备中，且具有喷雾降尘等功能，从而使破碎、装载、运输等几项工序完全实现机械化。

分任务一 掘进机操作技能训练

任务描述

正确操作掘进机。

能力目标

① 能正确操作掘进机；

② 能说出掘进机操作的注意事项；

③ 能掌握掘进机的主要组成部分；

④ 能够对操作过程进行评价，具有独立思考能力与分析判断的能力。

相关知识链接

一、掘进机的类型

1. 按照所掘断面的形状分类

掘进机根据所掘断面的形状，分为全断面掘进机和部分断面掘进机。

全断面掘进机适用于直径为2.5～10m的全岩巷道、岩石单轴抗压强度为50～350MPa的硬岩巷道，可一次截割出所需断面，且断面形状多为圆形，主要用于工程涵洞及隧道的岩石掘进。

部分断面掘进机一般适用于单轴抗压强度小于60MPa的煤巷、煤-岩巷、软岩水平巷道，但大功率掘进机也可用于单轴抗压强度达200MPa的硬岩巷道。部分断面掘进机一次仅能截割一部分断面，需要工作机构多次摆动、逐次截割才能掘出所需断面，断面形状可以是矩形、梯形、拱形等多种形状。部分断面掘进机截割工作机构的刀具作用在巷道局部断面上，靠截割工作机构的摆动，依次破落所掘进断面的煤岩，从而掘出所需断面的形状，实现整个断面的掘进。

部分断面掘进机按工作机构的不同又可分为冲击式掘进机、连续采煤机、圆盘滚刀式掘进机和悬臂式掘进机4种，其中悬臂式掘进机在煤矿使用普遍。

2. 按照截割头的布置方式分类

悬臂式掘进机按截割头转轴与悬臂的布置方式，可分为纵轴式和横轴式两种，如图4-3和图4-4所示。

图4-3 纵轴式掘进机

图4-4 横轴式掘进机

3. **按照破碎煤岩的硬度 f 分类**

① 用于 $f \leqslant 4$ 的煤巷，称为煤巷掘进机；

② 用于 $<4f \leqslant 6$ 的煤或软岩巷，称为半煤岩巷掘进机；

③ 用于 $f>6$ 的岩石巷道，称为岩巷掘进机。

二、掘进机的结构组成

悬臂式掘进机主要由工作机构、装运机构、行走机构三大结构和液压、水路（喷雾除尘）及电气三大系统组成。以 EBZ120 型掘进机为例，其主要由截割部、装载部、刮板输送机、行走部、机架和回转台、液压系统、水系统及电气系统等部分组成，参见图 4-5。

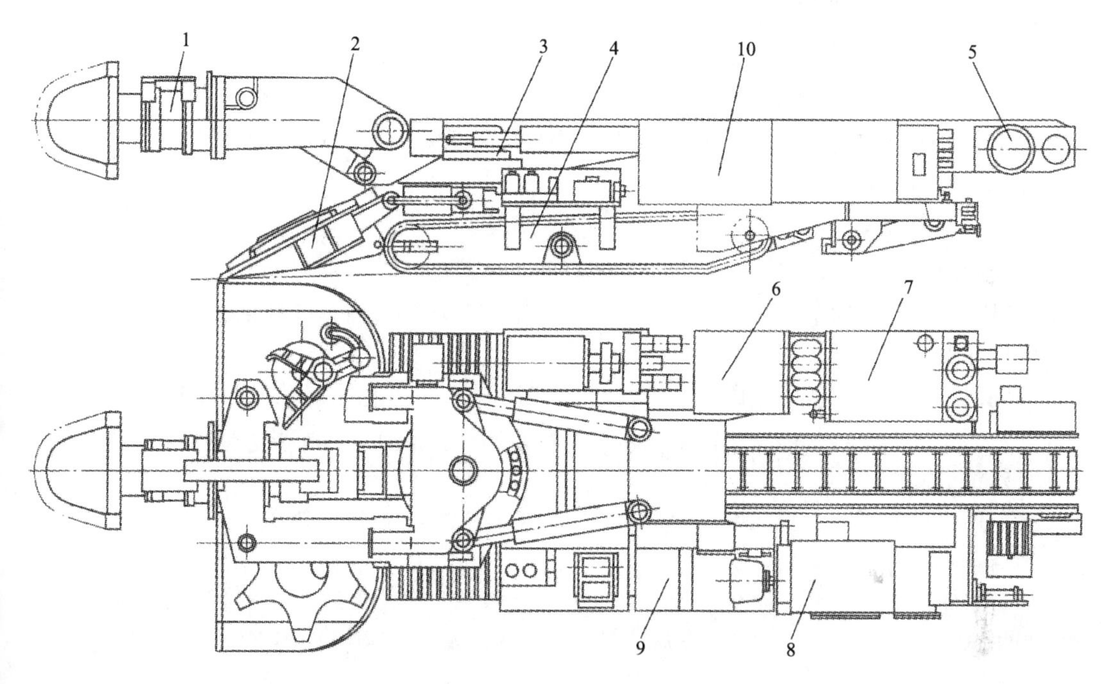

图 4-5　掘进机结构组成图

1—截割部；2—装载部；3—机架和回转台；4—履带行走部；
5—刮板输送机；6—操作台；7—电控箱；8—油箱；9—泵站；10—护板总成

三、掘进机型号含义

根据 MT/T　238.2—2008（悬臂式掘进机形式与参数）规定：悬臂式掘进机的型号以切割头布置方式切割机构功率容量表示。其编制方法如下：

Ⅰ□　Ⅱ□　Ⅲ□　Ⅳ□

Ⅰ——产品类型代号，(E) 掘进机；

Ⅱ——设备第一特征代号，(B) 悬臂式；

Ⅲ——设备第二特征代号，(H) 横轴式，(Z) 纵轴式；

Ⅳ——主要参数，切割机构功率 kW。

四、掘进机主要工作参数

掘进机主要工作参数如表 4-1 所示。

表 4-1 掘进机主要工作参数表

技术特征		单位	机型			
			特轻	轻	中	重
可切割性能指标	适用切割煤岩硬度		≤4	≤6	≤7	≤8
	岩石的研磨系数	mg	≤10	≤10	≤15	≤15
	切割煤岩最大单向抗压强度	MPa	≤50	≤60	≤85	≤100
切割机构功率		kW	≤30	55～75	90～110	>122
纵向最大工作坡度		(0)	±16	±16	±16	±16
机身高度		m	≤1.4	≤1.6	≤1.8	≤2.0
可掘巷道断面		m^2	5～8.5	7～14	8～20	10～28
机重(不包括转载机)		t	≤15	≤25	≤35	≤50

五、掘进机的基本操作

EBZ120 型掘进机的操作分为电气和液压两个部分。操作人员应按照下列所述方法操作。

（一）操作手柄的位置及其功能

1. 液压操作手柄

当启动油泵电机时，三联齿外轮泵和两联齿轮泵随即启动，同时分别向油缸回路、行走回路、装载回路、运输机回路。另该机还设有锚杆机泵站，为两台锚杆钻机提供了动力源。

（1）油缸回路

油缸回路通过四联多路换向阀(自复位)分别控制操作 4 组油缸，即：截割升降、回转、铲板升降、支撑油缸，并由这 4 组油缸来完成掘进机所需要的各种动作。

（2）行走回路

行走回路用两联多路换向阀（自复位）的动作来控制行走马达的正、反转，实现机器的前进、后退和转弯。

注意：机器要转弯时，最好同时操作两片换向阀（即使一片阀的手柄处于前进位置，另一片阀手柄处于后退位置)。除非特殊情况，尽量不要操作一片换向阀来实现机器转弯。

（3）装载回路

装载回路用两个手动换向阀的动作来控制马达的正、反转。

（4）输送机

输送机回路用一个手动换向阀的动作来控制马达的正、反转。

注意：开动时应先开转载机，再开输送机，后开装载转盘；停止顺序应反之，以避免矿渣堆积。

（5）锚杆钻机回路

锚杆钻机回路由一台 15kW 电机驱动一台双联齿轮泵通过两个手动换向阀同时向两台锚杆钻机供油。

2. 电气操作按钮及手柄

电控箱面板如图 4-6 所示，操作箱面板如图 4-7 所示。

（1）掘进机的前级供电控制开关控制

准备：

①检查电控箱是否处于可靠的锁紧位置；

②检查电控箱上隔离开关 QS 的手柄是否处于“分”位；

③压下紧急停止按钮 SB1，把隔离开关 QS 的手柄置于“合”的位置，然后将紧急停止按钮 SB1 拔出。

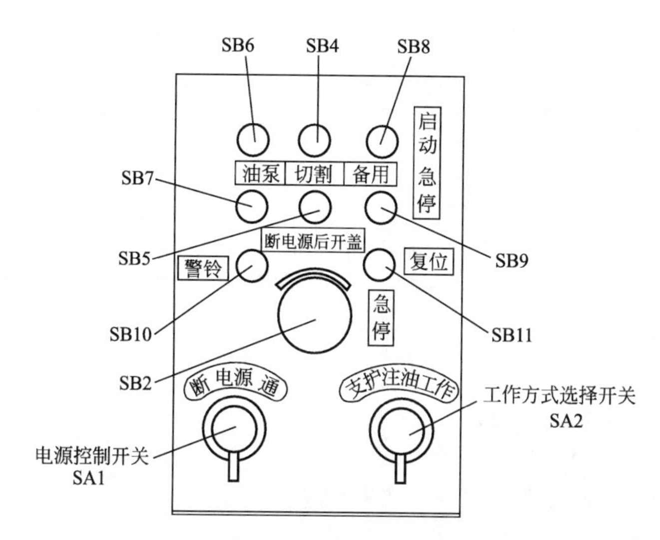

图 4-6　电控箱面板

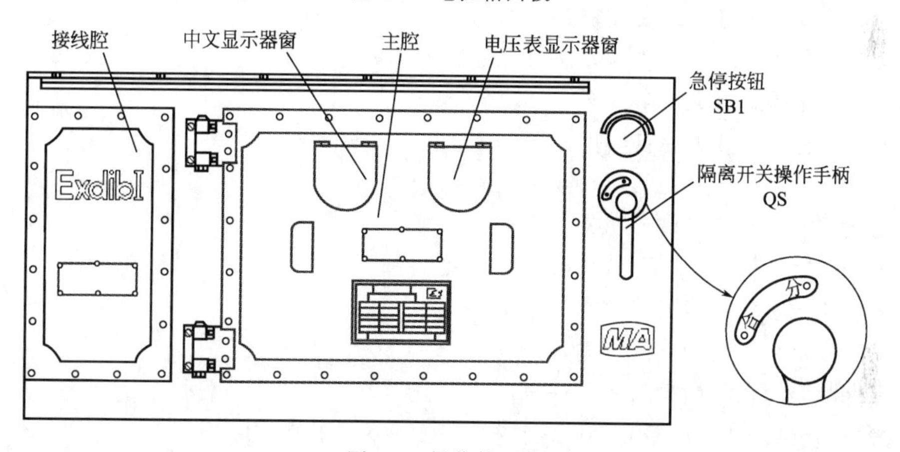

图 4-7　操作箱面板

接通：将操作箱上的电源控制开关 SA1 向右旋转 45°至“通”位，接通前级开关，向掘进机供电。电压表 PV 指示，36V 照明等回路绝缘正常，显示器正常指示，照明灯 EL1、EL2、EL3 亮。

分断：将电源控制开关 SA1 向左旋转 45°至“断”位，或按下紧急停止按钮 SB1、SB2 可切断向掘进机供电的前级开关。

(2) 各工作机构电动机的控制操作

① 油泵电动机 M2 的控制

启动：工作方式选择开关 SA2 向右旋转 45°至“工作”位，将油泵启动控制按钮 SB6 按下，其常开接点闭合，只有油泵电动机 M2 启动后，才可以操作切割电动机 M1 和备用电动机 M3。

停止：将油泵停止控制按钮 SB7 按下，其常闭接点打开，则油泵电动机 M2 停止运转。

② 截割电动机 M1 的控制

启动：油泵电动机 M2 启动后，将截割启动控制按钮 SB4 按下，其常开接点闭合，截割电动机 M1 启动并自保。

停止：将截割停止控制按钮 SB5 按下，其常闭接点打开，则截割电动机 M1 停止运转。

③ 备用电动机 M3 的控制

启动：油泵电动机 M2 启动后，将备用启动控制按钮 SB8 按下，其常开接点闭合，备用电动机 M3 启动并自保。

停止：将备用电动机停止控制按钮 SB9 按下，其常闭接点打开，则备用电动机 M3 停止运转。

④ 锚杆电动机 M4 的控制

启动：工作方式选择开关 SA2 向左旋转 45°至“支护”位，将锚杆启动控制按钮 SB6 按下，其常开接点闭合，锚杆电动机 M4 启动并自保。

停止：将锚杆电动机停止控制按钮 SB7 按下，其常闭接点打开，则锚杆电动机 M4 停止运转。

（二）掘进机操作程序

1. 班前检查

① 检查电缆有无损坏、破裂；

② 检查电气元件是否正常；

③ 检查刮板输送机刮板有无损坏及磨损情况；

④ 检查截齿磨损情况，损坏的应及时更换；

⑤ 检查冷却及喷雾系统及喷嘴有无堵塞；

⑥ 检查机器的隐患，如盖、零件有无松脱，破坏；

⑦ 检查液压阀组有无泄漏；

⑧ 确认所有控制开关能自由操作；

⑨ 确认所有控制开关处于断开或中位；

⑩ 确认截割，装载机构转动灵活；

⑪ 确认行走履带链、输送机刮板松紧适度；

⑫ 确认液压系统各回路压力调定值正常；

⑬ 确认油箱油位处于正常位置；

⑭ 按机器润滑表对润滑点注油；

⑮ 清理掘进机上的可燃物、矸石、煤炭、工具及杂物等。

2. 常规防护检查

① 所有齿轮减速器油位合理，通气孔通畅；

② 检查所有减速器是否有不正常噪声或过热现象；

③ 保持机械铰接点和转动件润滑良好；

④ 检查所有密封有无泄漏，必要时更换；

⑤ 保持螺栓、螺钉紧固；

⑥检查履带板有无损坏、裂纹，销轴失锁或过量磨损；

⑦ 保持摩擦离合器正常工作；

⑧ 检查所有接触点的磨损情况。

3. 操作程序

推荐按照下列程序开、关操作机器，也可根据规定的程序、安全制度操作机器。

① 按规定进行班前检查；

② 压下紧急停止按钮 SB1，把隔离开关 QS 的手柄置于“合”的位置，然后将紧急停止按钮 SB1 拔出；

③ 将操作箱上的电源控制开关 SA1 向右旋转 45°至“通”位置，接通前级开关，向掘进机供电；

④ 将操作箱上的工作方式选择开关 SA2 向右旋转 45°至“工作”位，将油泵控制按钮 SB6 按下，警铃报警 5～8s 后，油泵电动机 M1 启动，松开 SB6 油泵控制按钮，这时操作升降、回转、行走、铲板油缸手柄，各执行机构有相应的动作；

⑤ 接通总进水球阀，此时内、外喷雾工作；

⑥ 油泵电动机 M1 启动后，将截割控制按钮 SB4 按下，蜂鸣器发送 8s 的预警信号后，截割电动机 M2 启动，同时停止发送预警信号，松开 SB4 截割控制按钮。

4. 关机步骤

① 将截割控制按钮 SB5 按下，截割电动机 M2 停止运转；

② 关闭总进水球阀，此时内、外喷雾停止工作；

③ 操作后支撑油缸操作手柄，将后支撑油缸复位；

④ 将液压各操作手柄置于中间位置；

⑤ 将油泵控制按钮 SB7 按下，油泵电动机 M1 停止运转；

⑥ 将电源控制开关 SA1 向左旋转 45°至“断”位，或按下紧急停止按钮 SB1、SB2，即可断电。

（三）EBZ120 型掘进机的掘进作业

① 掘进机切割落煤的程序，是首先在工作面进行掏槽，掏槽位置一般是在工作面的下部。开始时机器逐步向前移动，截割头切入工作面的煤层或岩石一定的深度（截深）。然后停止机器移动，操纵装载机构的铲板紧贴工作面底板作为前支点，机尾的后支撑也同样贴紧底板，作为后支点，提高机器在切割过程中的稳定性。最后摆动悬臂截割头切落出整个巷道的煤或岩石。

② EBZ120 型掘进机截割头的最佳切割深度应根据所截割煤、岩的性质、顶板状况和支架棚距的规定，以及通过落煤效果和切割 1m 巷道所耗时间最短来确定，本机一般推荐 0.5m。

截割头的切割厚度取决于煤岩的截割阻力，以牵引油缸回路尽量不溢流、截割电机接近满载、机器不产生强烈振动及落煤效率最高为原则，一般推荐为截割头直径的 2/3。

③ 截割头在巷道工作面上截割移动的路线，称为截割程序。掘进工作面截割程序的合理选择，取决于巷道断面积，煤、岩硬度、顶底板状况，有无夹矸，夹矸的分布等工作面条件和技术规范。确定掘进工作面的截割程序应遵循下述原则。

① 大多数情况下，从工作面下角钻进，掘进半煤岩巷道时，应从煤中钻进，再卧移切割至底板下角，再切底掏槽，增加自由面；

② 切割断面，应自下而上进行以利于装载和机器的稳定性，可提高生产率；

③ 工作面的切割应注意煤或岩的层理，断面切割时应以左右横扫切割为主，截割头沿层理移动时切割阻力较小。

（四）EBZ120 型掘进机的操作注意事项

（1）司机必须为专职人员，经培训考试合格后持有司机证方可作业；

（2）启动油泵电机前，应检查各液压阀和供水阀的操作手柄，必须处于中档位置；

（3）截割头必须在旋转情况下才能贴靠工作面；

（4）截割时要根据煤或岩石的硬度，掌握好截割头的切割深度和切割厚度，截割头进入切割时应点动操作手柄，缓慢进入煤壁切割，以免发生扎刀及冲击振动；

(5) 机器向前行走时，应注意扫底并清除机体两侧的浮煤，扫底时应避免底板出现台阶，防止产生掘进机爬高；

(6) 调动机器前进或后退时，必须收起后支撑，抬起铲板；

(7) 截割部工作时，若遇闷车现象应立即脱离切割或停机，防止截割电动机长期过载；

(8) 对大块掉落煤岩，应采用适当方法破碎后再进行装载；若大块煤岩被龙门卡住时，应立即停车，进行人工破碎，不能用刮板机强拉；

(9) 液压系统和供水系统的压力不准随意调整，若需要调整时应由专职人员进行；

(10) 注意观察油箱上的液位液温计，当液位低于工作油位或油温超过规定值（70℃）时，应停机加油或降温；

(11) 开始截割前，必须保证冷却水从喷嘴喷出；

(12) 机器工作过程中若遇到非正常声响和异常现象，应立即停机查明原因，排除故障后方可开机。

六、掘进机的检修及维护保养

减少机器停机时间的最重要因素是及时和规范的维护，维护好的机器其工作可靠性高、使用寿命长，操作也更有效。下列检查步骤是针对一般条件的，恶劣的运行条件会增加需要维护的次数。如果需要修理或调整，应即刻进行，否则小问题能导致大的修理和停机。

（一）机器的日常维护保养

① 按照润滑图及润滑表对需要润滑的部位加注相应牌号的润滑油。

② 检查油箱的油位，油量不足应及时补加液压油；油液如严重污染或变质，应及时更换。

③ 检查各减速箱润滑油池内的润滑油是否充足、污染或变质，不足应及时添加，污染或变质应及时更换。并检查各减速箱有无异常振动、噪声和温升等现象，找出原因，及时排除。

④ 检查液压系统及外喷雾冷却系统的工作压力是否正常，并及时调整。

⑤ 检查液压系统及外喷雾冷却系统的管路、接头、阀和油缸等是否泄漏并及时排除。

⑥ 检查油泵、油马达等有无异常噪声、温升和泄漏等并及时排除。

⑦ 检查截割头截齿是否完整，齿座有无脱焊现象，喷雾喷嘴是否堵塞等，并及时更换或疏通。

⑧ 检查各重要连接部位的螺栓，若有松动必须拧紧，参照表 4-2。

⑨ 检查左右履带链条的松紧程度，并适时调整。

⑩ 检查输送机刮板链的松紧程度，并及时调整。

表 4-2 螺栓紧固力矩表

螺栓规格	强度等级	紧固力矩值
M12	10.9	107 N·m
	8.8	76 N·m
M16	10.9	265 N·m
	8.8	175 N·m
M20	10.9	520 N·m
	8.8	352 N·m
M24	10.9	980 N·m
	8.8	600 N·m
M28	10.9	1670 N·m
	8.8	1100 N·m

（二）机器的定期维护保养

EBZ120掘进机减速器的设计寿命，除行走减速箱为2000h外，截割二级行星减速器和泵站齿轮箱均为5000h，即连续工作一年半进行一次大修，中修一般在转移工作面时进行，小修在每日的维修班进行。

（三）机器的润滑

正确的润滑可以防止磨损、防止生锈和减少发热，如经常检查机器的润滑状况，就可以在机器发生故障之前发现一些问题。比如，水晶状的油表示可能有水，乳状或泡沫状的油表示有空气；黑色的油脂意味着可能已经开始氧化或出现污染。润滑周期因使用条件的差异而有所不同。始终要使用推荐的润滑油来进行润滑，并且在规定的时间间隔内进行检查和更换，否则，就无法给机器以保障，因而导致过度磨损以及非正常停机检修，EBZ120型掘进机润滑图如图4-8所示。

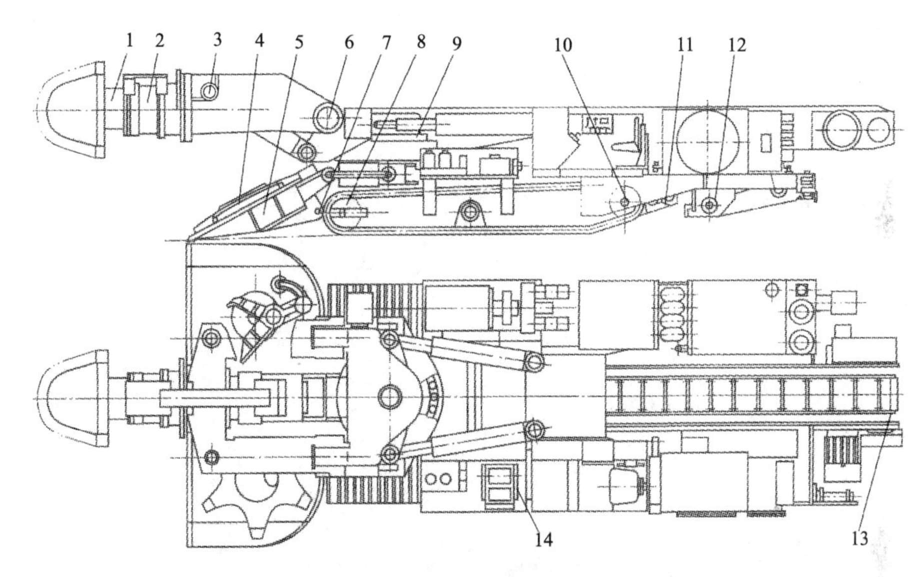

图4-8　掘进机润滑图

1—悬臂段；2—截割减速器；3—油缸销轴；4—装载驱动装置；5—改向链轮组；6—截割升降销轴；7—铲板升降销轴；8—导向张紧装置；9—回转台；10—行走减速器链轮滑动轴承；11—行走减速器；12—后支撑腿升降销轴；13—刮板输送机驱动装置；14—油泵齿轮箱

1. 润滑油的更换

在最初开始运转的300h左右，应更换润滑油。由于在此时间内，齿轮及轴承完成了跑合，随之产生了少量的磨损。

初始换油后，相隔1500h或者6个月内必须更换一次。当更换新润滑油时，清洗掉齿轮箱体底部附着的沉淀物后再加入新油。

2. 注意事项

① 不要充满，如果充满整个减速箱，将会造成过热和零件损坏；

② 不要太少，减速箱的润滑油位太低将会造成过热和零件故障，要周期性检查减速箱是否有泄漏；

③ 不要欠加油，遗漏或延长润滑周期都会造成过度磨损和零件过早出现故障；

④ 必须使用规定牌号的润滑油脂；

⑤ 让所有的通气口和溢流口通畅并能正常起作用。

分任务二 工作机构的维护

任务描述

掌握掘进机工作机构的维护方法。

能力目标

① 能说出工作机构的组成部分；

② 能正确操作工作机构；

③ 能说出工作机构操作的注意事项；

④ 能说出工作机构的常见故障并能分析排除；

⑤ 能够对操作过程进行评价，具有独立思考能力与分析判断的能力。

相关知识链接

一、工作机构的组成

工作机构又称截割部，结构如图4-9所示，主要由截割电机、叉形架、二级行星减速器、悬臂段、截割头组成。

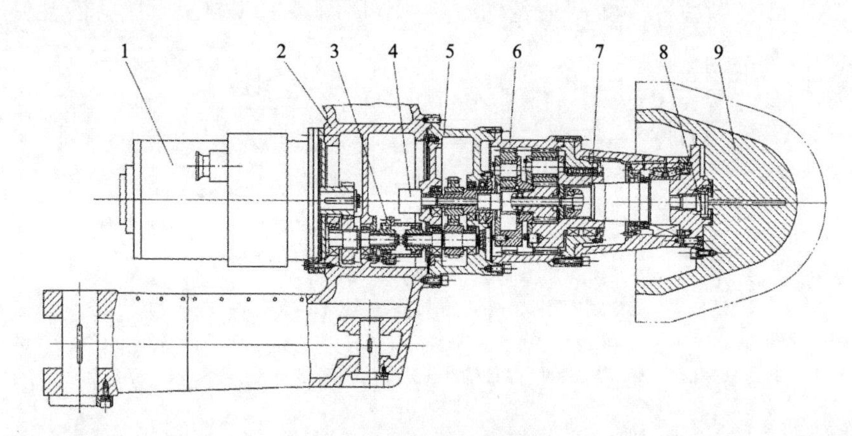

图4-9 掘进机截割机构

1—发动机；2—减速器；3—齿轮联轴器；4—水封；5—变速器；6—行星减速器；7—主轴；8—配水管；9—截割头

二、工作机构的工作原理

截割部为二级行星齿轮传动。行星减速器结构如图4-10所示，由120kW的水冷电动机输入动力，经齿轮联轴节传至二级行星减速器，经悬臂段，将动力传给截割头，从而达到破碎煤岩的目的。小截割头最大外径为$\varphi700$，在其周围安装有27把强力镐形截齿，由于其破岩过断层能力强，所以主要用于半煤岩巷的掘进；大截割头为截锥体形状，最大外径为$\phi960$，其周围安装有33把强力镐形截齿，适用于煤巷的掘进。两种截割头可以互换。

整个截割部通过一个叉形框架、两个销轴铰接于回转台上。借助安装于截割部和回转台之间的两个升降油缸，以及安装于回转台与机架之间的两个回转油缸，来实现整个截割部的升、降和回转运动，由此截割出任意形状的断面。

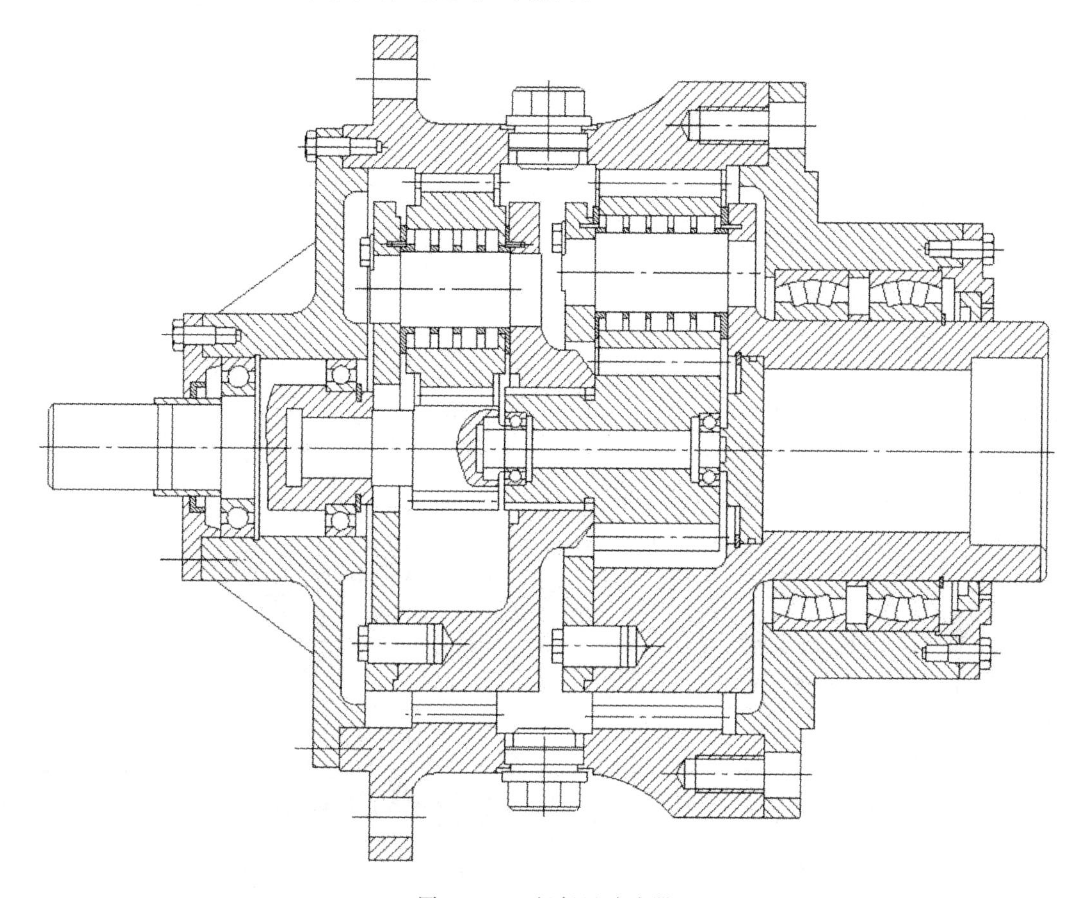

图 4-10 二级行星减速器

三、工作机构的操作

（一）开机截割要求

（1）掘进机由正副司机密切配合进行操作，工作时必须遵守安全操作规程，确保机器和人身的安全。机器操作必须熟练、避免误操作，以致造成事故；除被批准的司机外，任何人不得擅自操纵机器，司机必须熟练掌握机器的技术性能以及加油润滑点和油润周期。

（2）截割时根据掘进断面形状和大小、煤层赋存条件合理进行截割工作，必须按作业规程操作。选择截割程序的原则是利于顶板维护以及钻进开切，保证截割阻力小，工作效率高；应避免出大块煤矸，有利于装运。

（二）截割中注意事项

① 应避免截割头带负荷启动并注意机器不要过负荷工作。

② 开始截割时，必须让截割部慢速靠近煤岩，无论哪种截割都必须扫底，保证巷道平直无拖根。

③ 横向前进截割时，必须注意与前一刀的衔接，压力截割，重叠厚度以 150～200mm 左右为宜。

（三）截割程序

① 对于一般较均匀的中硬煤层，采取由下而上的截割程序。

② 对于半煤岩巷道采取先软后硬，沿煤岩分界线的煤侧，钻进开切，沿分界线掏槽。
③ 对于层理和节理发达的软煤层，采用中心钻进开切，四面刷帮的程序。
④ 对于硬煤应采取自上而下的程序，这样可以避免截割大块煤，有利于装运。
⑤ 对于顶板破碎的煤层，采取适当预留顶煤的方法。
⑥ 对于需要超前支护的破碎顶板，采取先截割断面四周的方法。
⑦ 对于相当坚硬的煤岩巷道，也可以采取由下而上的程序进行截割。
⑧ 只有发生事故的情况下，可按下紧急停止按钮。操作台上设有紧急停止按钮。

四、工作机构的润滑

工作机构的润滑内容见表 4-3。

表 4-3 工作机构润滑表

油种	序号	加注点	时间	加量	工具
ZL-3	1	伸缩部	1 次/月	适量	
ZL-3	2	截割头升降油缸销子	1 次/日	适量	黄油枪
ZL-3	3	架子与回转台连接销	1 次/日	适量	黄油枪
N320	4	二级行星减速机	1 次/月	适量	

五、工作机构的故障分析与排除

工作机构的常见故障及排除方法见表 4-4。

表 4-4 工作机构故障分析表

部件名称	故障现象	原 因	处理方法
截割部	截割头堵转或电机温升过高	过负荷，截割部减速器或电动机内部损坏	减小截割头的切深或切厚，检修内部
	截齿损耗量过大	钻入深度过大，截割头移动速度太快	降低钻进速度，及时更换补齐截齿，保持截齿转动
	截割振动过大	截割岩石硬度＞60MPa；截齿磨损严重、缺齿；悬臂油缸铰轴处磨损严重；回转台紧固螺栓松动	减少钻进速度或截深；更换补齐截齿；更换铰轴套；紧固螺栓；铲板落底，使用后支撑

六、工作机构的保养与维修

1. 日常检查

工作机构日常检查内容见表 4-5。

表 4-5 工作机构日常检查表

检查部位	检查内容及处理方法
截割头	(1)如有截齿磨损、损坏，更换新的截齿 (2)检查齿座有无裂纹及磨损
伸缩部	润滑油的油量不足，应及时补加
减速机	(1)检查有无异常振动和音响 (2)通过油位计检查油量 (3)检查有无异常温升现象 (4)螺栓类有无松动现象

2. 定期检查

工作机构定期检查内容见表 4-6。

表 4-6　工作机构定期检查表

检查部位	检查内容	每1个月或250h	每6个月或1500h	每1年或3000h
截割头	(1)修补截割头的耐磨焊道	☆		
	(2)更换磨损的齿座	☆		
	(3)检查凸起部分的磨损	☆		
伸缩部	(1)拆卸检查内部			☆
	(2)检查保护筒前端的磨损	☆		
截割减速机	(1)分解检查内部		☆	
	(2)换油		☆	
	(3)加注电机黄干油		☆	
	(4)螺栓类有无松动现象	☆		

分任务三　装运机构的维护

任务描述

掌握掘进机装运机构的维护方法。

能力目标

① 能说出装运机构的组成部分；
② 能正确操作装运机构；
③ 能说出装运机构操作的注意事项；
④能说出装运机构的常见故障并能分析排除；
⑤ 能够对操作过程进行评价，具有独立思考能力与分析判断的能力。

相关知识链接

一、装运机构的组成和类型

1. 装运机构的组成

装载部结构如图 4-11 所示，主要由铲板部及左右对称的驱动装置组成，通过低速大扭矩液压马达直接驱动三爪转盘向内转动，从而达到装载煤岩的目的。铲板设计有宽(2.8m)、窄（2.5m）两种规格。

装载部安装于机器的前端，通过一对销轴和铲板左右升降油缸铰接于主机架上，在铲板油缸的作用下，铲板绕销轴上、下摆动，可向上抬起 360mm，向下卧底 250mm。当机器截割煤岩时，应使铲板部前端紧贴底板，以增加机器的截割稳定性。

2. 装载机构的类型

装载机构的类型可分为爬爪式、环形刮板式、星轮式和螺旋式。

二、铲板部

铲板部是由主铲板、侧铲板、铲板驱动装置、从动轮装置等组成。通过两个低速大扭矩

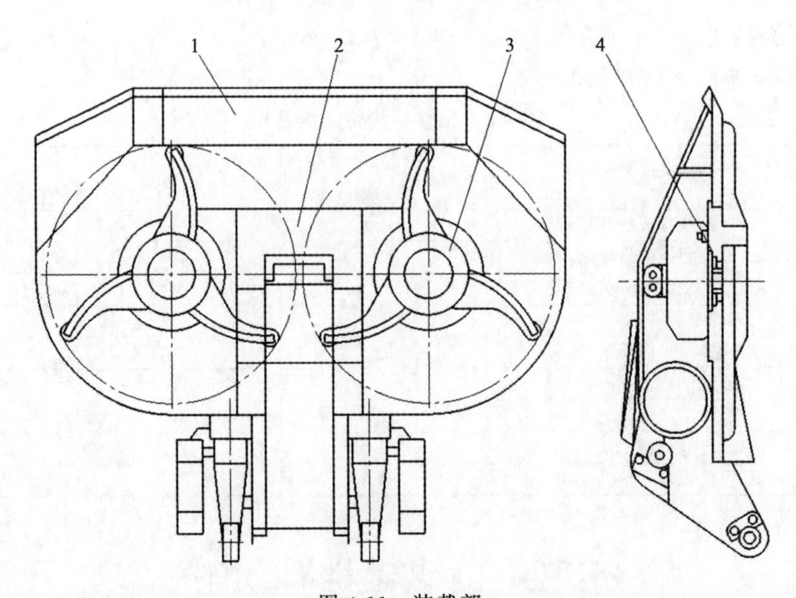

图 4-11 装载部

1—铲板体；2—刮板输送机改向链轮组；3—三爪转盘；4—驱动装置

马达直接驱动弧形五齿星轮，截割落料通过铲板装载到第一运输机。铲板在油缸作用下可向上抬起。

铲板驱动装置是由两个控制阀分别控制左右液压马达，驱动弧形五齿星轮，并能够获得均衡的流量，确保星轮在平稳一致的条件下工作，提高工作效率，降低故障率。

三、第一输送机

第一输送机即刮板输送机结构如图 4-12 所示，主要由机前部、机后部、驱动装置、边双链刮板、张紧装置和脱链器等（改向轮组装在装载部上）组成。

刮板输送机位于机器中部，前端与主机架和铲板铰接，后部托在机架上。机架在该处设有可拆装的垫块，根据需要，刮板输送机后部可垫高，增加刮板输送机的卸载高度。

刮板输送机采用低速大扭矩液压马达直接驱动，刮板链条的张紧是通过在输送机尾部的张紧油缸来实现的。

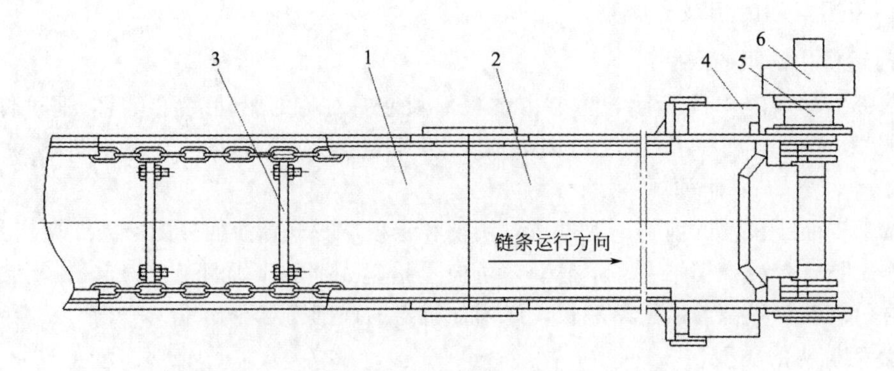

图 4-12 刮板输送机

1—机前部；2—机后部；3—边双链刮板；

4—张紧装置；5—驱动装置；6—液压马达

四、装运机构常见故障现象

装运机构故障分析见表 4-7。

表 4-7　装运机构故障分析表

部件名称	故障现象	原　因	处理方法
装运部	刮板链速度低或动作不良	(1)油压不够； (2)运输机过负荷； (3)链条过紧或过松； (4)链轮或铲板接口处卡有岩石	(1)调整泵或阀压力； (2)减轻负荷； (3)重新调整张紧装置
	转盘转速快慢不均或不能移动	液压系统及元件故障	检查液压系统及元件
	断链	(1)链条节距不等； (2)刮板链过松或过紧； (3)链轮中卡住岩石或异物； (4)链环过度磨损	(1)拆检更换链条； (2)正确调整张力； (3)排除卡阻

分任务四　行走机构的维护

掌握掘进机行走机构的维护方法。

能力目标

① 能说出行走机构的组成部分；

② 能正确操作行走机构；

③ 能说出行走机构操作的注意事项；

④ 能说出行走机构的常见故障并能分析排除；

⑤ 能够对操作过程进行评价，具有独立思考能力与分析判断的能力。

相关知识链接

一、行走机构的类型

行走机构是掘进机行走的执行机构，也是整机连接支撑的基础，用于驱动悬臂式掘进机前进、后退和转弯，并能在掘进作业时使机器向前推进。

掘进机的行走机构根据行走的方式不同，主要有履带式、轮胎式、轨轮式三种，目前煤矿所使用的悬臂式掘进机的行走机构均采用履带式。

二、行走机构的结构组成

EBZ120 型掘进机采用履带式行走机构。履带式行走机构主要由履带架、动力装置、减速器、履带链、支重轮、驱动链轮、导向轮、胀紧装置等组成。

左、右履带行走机构对称布置，分别驱动。各由 10 个高强度螺栓（M30×2、10.9 级）与机架相连。左、右履带行走机构各由液压马达经三级圆柱齿轮和二级行星齿轮传动减速后，将动力传给主动链轮，驱动履带运动。

现以左行走机构为例，说明其结构组成及传动系统。如图 4-13 和图 4-14 所示，左行走机构主要由导向张紧装置、左履带架、履带链、左行走减速器、液压马达、摩擦片式制动器

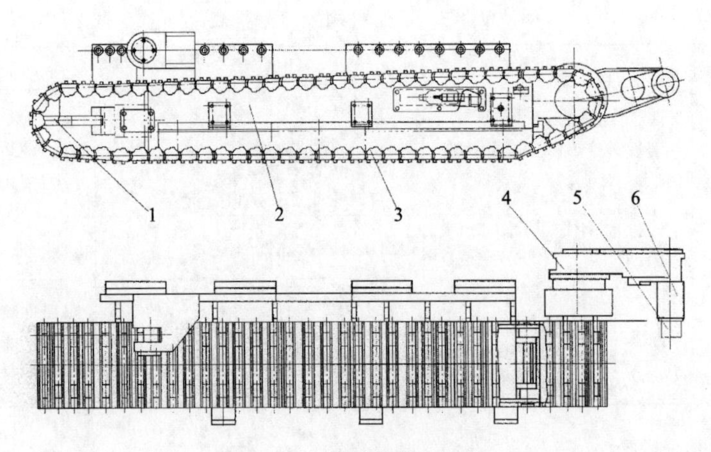

图 4-13　左履带行走机构

1—导向张紧装置；2—履带架；3—履带链；4—行走减速器；5—行走液压马达；6—摩擦片式制动器

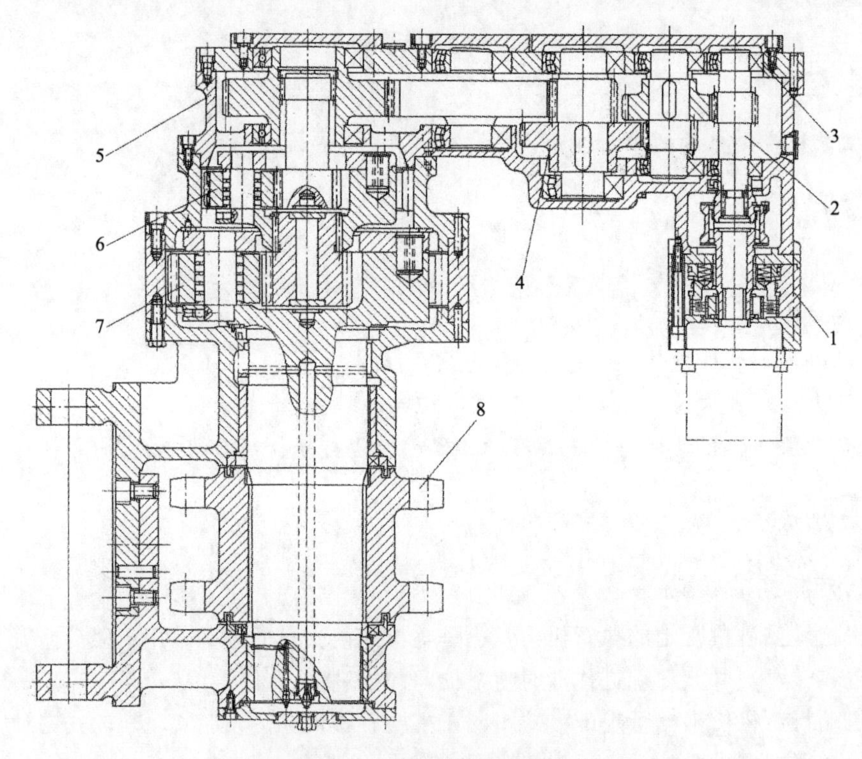

图 4-14　行走机构减速器结构图

1—液压制动装置；2—第一轴；3—轴承；4—齿轮

5—箱体；6—第一级行星组件；7—第二级行星组件；8—主动链轮

等组成。摩擦片式制动器为弹簧常闭式，当机器行走时，泵站向行走液压马达供油的同时，向摩擦片式制动器提供压力油推动活塞，压缩弹簧，使摩擦片式制动器解除制动。

本机工作行走速度为 3m/min，调动行走速度为 6m/min。通过使用黄油枪向安装在导向张紧装置油缸上的注油嘴注入油脂，来完成履带链的张紧（油缸张紧行程 120mm），调整

完毕后，装入适量垫板及一块锁板，拧松注油嘴螺塞，泄除油缸内压力后再拧紧该螺塞，使张紧油缸活塞不承受张紧力。

三、行走机构的润滑

行走机构的润滑涉及张紧轮润滑和减速机润滑两个部位的润滑。

四、行走机构的故障分析

行走机构常见的故障及处理方法见表 4-8。

表 4-8　行走机构故障分析表

部件名称	故　障	原　因	处　理　方　法
行走部	驱动链轮不转	液压系统故障；液压马达损坏；减速器内部损坏；制动器打不开	排除液压系统故障；检查减速器内部
	履带速度过低	液压系统流量不足	检查液压油箱油位，油泵、马达及溢流阀
	驱动链轮转动而履带跳链	链条过松	调整液压张紧油缸以得到合适的张紧力
	履带断链	履带板或销轴损坏	更换履带板或销轴

五、行走机构的日常维护

行走机构的日常维护内容包括：

① 履带张紧程度；

② 履带板有无损坏；

③ 弹性圆柱销有无丢失；

④ 各处连接螺栓有无松动现象。

六、机架和回转台

机架是整个机器的骨架，其结构如图 4-15 所示。它承受着来自截割、行走和装载的各

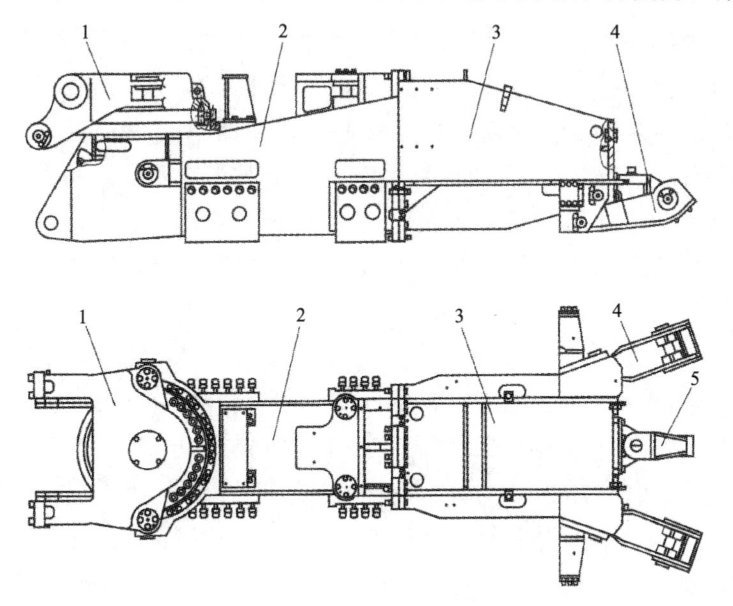

图 4-15　EBZ120 型掘进机机架

1—回转台；2—前机架；3—后机架；4—后支撑腿；5—转载机连接板

种载荷。机器中的各部件均用螺栓或销轴与机架连接，机架为组焊件。

回转台主要用于支承、连接并实现切割机构的升降和回转运动。结构如图 4-15 所示。回转台座在机架上，通过大型回转轴承用止口、36 个高强度螺栓与机架相连。工作时，在回转油缸的作用下，带动切割机构水平摆动。截割机构的升降是通过回转台支座上左、右耳轴铰接相连的两个升降油缸实现的。

左、右后支撑腿是通过后支撑油缸及销轴分别与后机架连接，它的作用有以下几方面。

① 切割时使用，以增加机器的稳定性；

② 窝机时使用，以便履带下垫板自救；

③ 履带链断链及张紧时使用，以便操作；

④ 抬起机器后部，以增加卧底深度。

分任务五　液压系统的维护

任务描述

掌握掘进机液压系统的维护方法。

能力目标

① 能说出液压系统的组成；

② 能说出液压系统维护的方法。

相关知识链接

一、液压系统的组成

EBZ120 型掘进机除截割头是由电机通过减速器驱动外，其余各部分均采用液压传动。系统主泵站由一台 55kW 的电动机通过同步齿轮箱驱动一台双联齿轮泵和一台三联齿轮泵（转向相反），同时分别向油缸回路、行走回路、装载回路、输送机回路供压力油，主系统由 4 个独立的开式系统组成。该机还设有液压锚杆钻机泵站，可同时为两台锚杆钻机提供压力油，另外系统还设置了文丘里管补油系统为油箱补油，避免了补油时对油箱的污染。

1. 油缸回路

油缸回路采用双联齿轮泵的后泵（40 泵）通过四联多路换向阀分别向 4 组油缸（截割升降、回转、铲板升降、支撑油缸）供压力油。油缸回路工作压力由四联多路换向阀阀体内自带的溢流阀调定，调定的工作压力为 16MPa。

截割机构升降、铲板升降和后支撑各两个油缸，它们各自由两活塞腔并接，两活塞杆腔并接。而截割机构两个回转油缸为一个油缸的活塞腔与另一油缸的活塞杆腔并接。

为使截割头、支撑油缸能在任何位置上锁定，不致因换向阀及管路的漏损而改变其位置，或因油管破裂造成事故，以及防止截割头、铲板下降过速，使其下降平稳，故在各回路中装有平衡阀。

2. 行走回路

行走回路由双联齿轮泵的前泵（63泵）向两个液压马达供油，驱动机器行走。行走速度为3m/min；当刮板输送机不运转时，供输送机回路的63泵便并入行走回路，此时的两个齿轮泵（均为63泵）同时向行走马达供油，实现快速行走，其行走速度为6m/min。系统额定工作压力为16MPa，且由装在两联多路换向阀阀体内的溢流阀调定。

注意：根据该机器液压系统的特点，行走回路的工作压力调定时，必须先将刮板输送机开动（由于快速行走时，行走回路中并入了输送机回路的63泵，而输送机回路的系统额定工作压力为14MPa）。

通过操作多路换向阀手柄来控制行走马达的正、反转，实现机器的前进、后退和转弯。

注意：机器要转弯时，最好同时操作两片换向阀（即使一片阀的手柄处于前进位置，另一片阀手柄处于后退位置）。除非特殊情况，尽量不要操作一片换向阀来实现机器转弯。

防滑制动是用行走减速器上的摩擦制动器来实现的。制动器的开启为液压控制，其开启压力为3MPa。制动器的油压力由多路换向阀控制。行走回路不工作时，制动器处于闭锁状态。

3. 装载回路

装载回路分为左、右装载回路，由三联齿轮泵的中泵（40泵）和后泵（40泵）分别向左、右装载马达供油，用两个手动换向阀分别控制左、右装载马达的正、反转。该系统的额定工作压力为14MPa，通过调节换向阀阀体内的溢流阀来实现。

4. 输送机回路

输送机回路由三联齿轮泵的前泵（63泵）向一个（或两个）液压马达供油，用一个手动换向阀控制马达的正、反转。系统额定工作压力为14MPa，通过调节换向阀阀体内的溢流阀来实现。

5. 锚杆钻机回路

锚杆钻机回路由一台15kW电机驱动一台双联齿轮泵，通过两个手动换向阀可同时向两台液压锚杆钻机供油。系统额定工作压力为10MPa，通过调节换向阀阀体内的溢流阀来实现。

6. 油箱补油回路

油箱补油回路由两个截止阀、一个文丘里管和若干接头等辅助元件组成，为油箱加补液压油。如图4-16所示，补油系统并接在锚杆钻机回路的回油管路上（若掘进机不为锚杆钻机提供油源，则补油系统并接在运输回路或转载机回路的回油管路上）。当需要向油箱补油时，截止阀Ⅰ关闭，截止阀Ⅱ开启，油液经过文丘里管时，在文丘里管出口处产生负压，通过插入装油容器5内的吸油管吸入，将油补入油箱。在补油系统不工作时，务必将截止阀Ⅱ关闭，截止阀Ⅰ开启。

注意：① 补油时，油箱内必须要有一定量的油，以保证油泵吸油时不吸空，否则，不仅不能补油，而且易损坏油泵。

② 给油箱加好油后，必须将截止阀Ⅱ关闭，截止阀Ⅰ开启。在系统工作时，决不能将

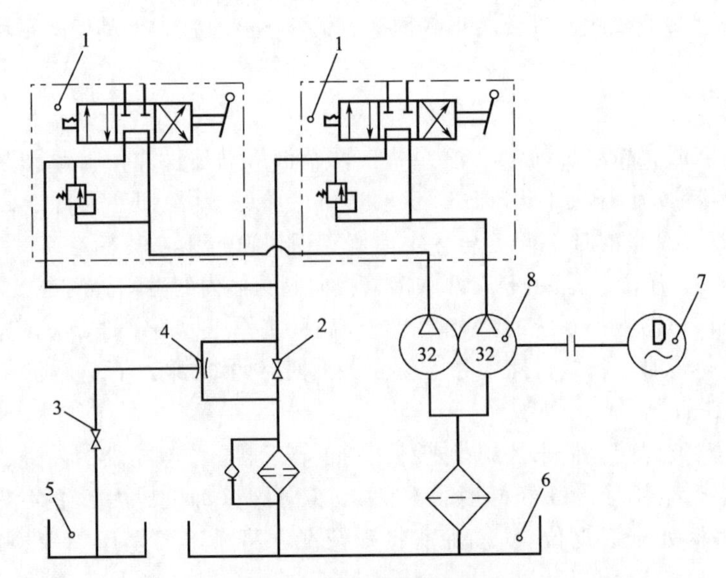

图 4-16 补油回路原理图

1—换向阀；2—截止阀Ⅰ；3—截止阀Ⅱ；4—文丘里管；5—装油容器；
6—油箱；7—锚杆电机；8—双联齿轮泵

截止阀Ⅰ和Ⅱ同时关闭，否则，会造成危险。

7. 几种主要的液压元件

（1）吸油过滤器

为了保护油泵及其他液压元件，避免吸入污染杂质，有效地控制液压系统污染，提高液压系统的清洁度，在油泵的吸油口处设置了两个吸油过滤器，该过滤器为精过滤。当更换、清洁滤芯或维修系统时，只需旋开滤油器端盖（清洗盖），抽出滤芯，此时自封阀就会自动关闭，隔绝油箱油路，使油箱内油液不会向外流出。这样使清洗、更换滤芯及维修系统变得非常方便。另外，当滤芯被污染物堵塞时，设在滤芯上部的油路旁通阀就自动开启，以避免油泵出现吸空等故障，提高液压系统的可靠性。

（2）回油过滤器

为了使流回油箱的油液保持清洁，在液压系统中设置了两个回油过滤器，该过滤器为粗过滤，位于油箱的上部。当滤芯被污染物堵塞或系统液温过低，流量脉动等因素造成进出油口压差为0.35MPa时，压差发讯装置便弹出，发出讯号，此时应及时更换滤芯或提高油液温度。更换滤芯时，只需旋开滤油器滤盖（清洗盖）即可更换滤芯或向油箱加油。若未能及时停机更换滤芯时，则设在滤芯下部的旁通阀就会自动开启工作（旁通阀开启压力为0.4MPa），以保护系统。

（3）四联手动换向阀

四联手动换向阀，主要由进油阀、多路换向阀、回油阀三部分组成。进油阀有压力油口P和回油口O，在P和O之间装有阀组总溢流阀。换向阀部分是由阀体和滑阀组成，滑阀的机能均为Y型，阀体为并联型，因此，既可以分别操作又可以同时操作，当同时操作时工作速度减慢。当滑阀处于中位时，油泵通过阀组卸荷。为了防止工作腔的压力油向P腔倒流，设置了单向阀。

（4）油缸

本机有4组油缸，共8根。截割机构升降油缸、回转油缸、铲板升降油缸和后支撑油缸各两根，结构形式均相同，其中铲板升降油缸和后支撑油缸通用。

(5) 油箱

本液压系统采用封闭式油箱（如图4-17所示），采用N68号抗磨液压油。油箱采用二级过滤，设置了两个吸油过滤器和两个回油过滤器，有效地控制了油液的污染，并采用文丘里管补油，进一步降低了油液的污染。油箱上还配有液位液温计，当液位低于工作油位或油温超过规定值（70℃）时，应停机加油或降温。油箱冷却器采用了热交换量较大的板翅式散热器，总热交换量达40 000kcal/h，以保障系统正常油温和黏度的要求。

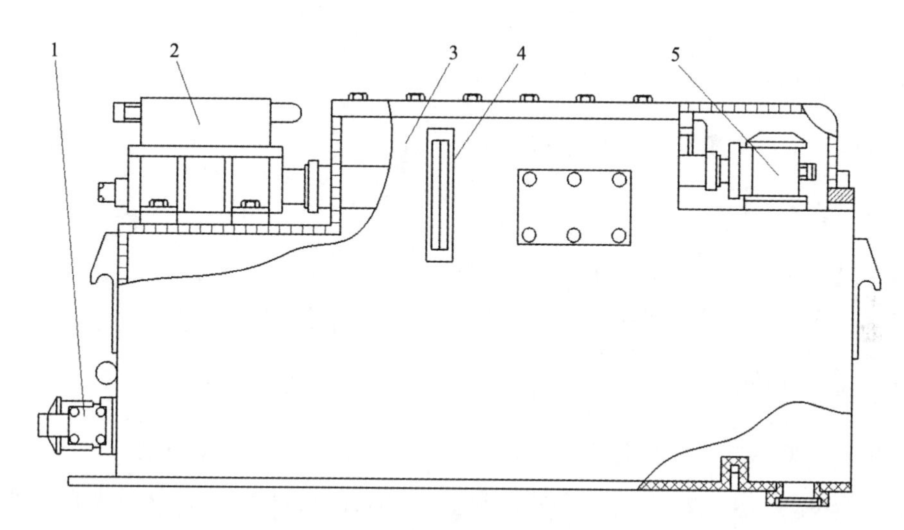

图4-17　油箱

1—吸油过滤器；2—冷却器；3—油箱体；4—液位液温计；5—回油过滤器

注意应经常观察油位，保证油箱液位在最高警戒位和最低警戒位之间。

(6) 六点压力表

按操纵台标牌表明的位置接好油管。旋转压力表表盘，其指针所指的位置即为标牌表明的回路的工作压力。

二、液压系统的维护

EBZ120型掘进机液压系统采用N68抗磨液压油。

1. 油箱加油方法

① 取一条KJ-19（$L=1000$）的液压胶管，一头接在操纵台后面板补油口处，另一头放在补油油桶内；

② 关闭截止阀Ⅰ，开启截止阀Ⅱ，开动泵站，油液经过文丘里管时由于射流作用在补油管内产生负压，补油油桶内的油液在大气压的作用下，通过补油管补入油箱，因此补油桶必须透气；

③ 加油至油标中间位置，停止加油，关闭截止阀Ⅱ，开启截止阀Ⅰ；

④ 取掉油管，安装堵头。

2. 注意事项

① 补油时，油箱内必须保有油泵正常吸油时的足够油量，否则，应打开回油过滤器向

油箱内加入足量的油后再打开补油系统补油；

② 确保液压系统油液的清洁性；

③ 按照规定，定期更换过滤器滤芯，当过滤器堵塞时及时更换；

④ 机器工作前，观测油箱上液位液温计，油量不足时及时添加；

⑤ 机器推荐使用的液压油不得与其他油种混合使用，否则会造成油质过早恶化；

⑥ 机器工作时，油箱冷却器内有足够的冷却水通过，防止油温过高。

分任务六　冷却喷雾系统维护

任务描述

掌握掘进机冷却喷雾系统的维护方法。

能力目标

① 能说出冷却喷雾系统的组成；

② 能说出液压冷却喷雾维护的方法。

相关知识链接

一、冷却喷雾系统的工作原理

本系统主要用于灭尘、冷却掘进机切割电机及油箱，提高工作面能见度，改善工作环境，内外喷雾冷却除尘系统如图 4-18 所示。

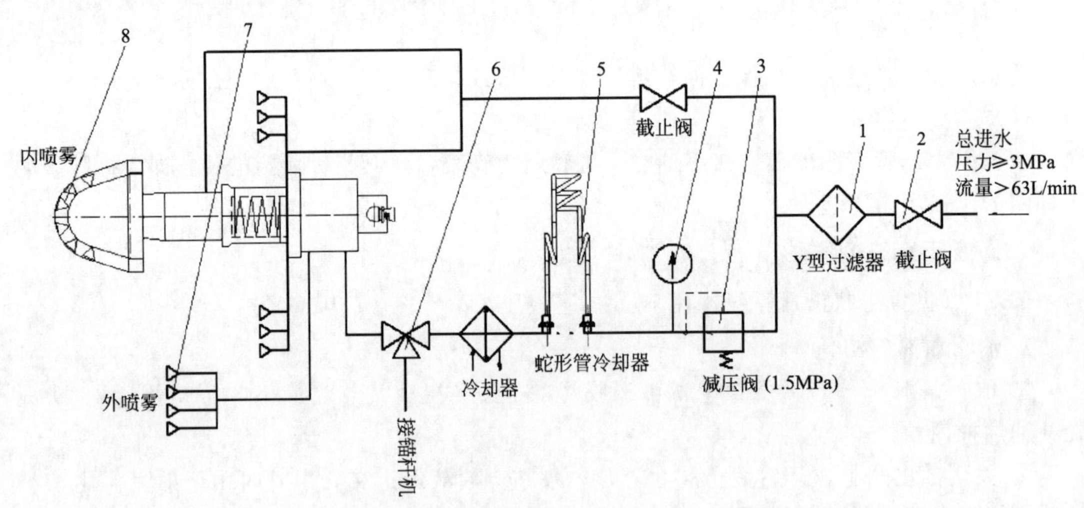

图 4-18　内外喷雾冷却除尘系统原理图

1—Y 型过滤器；2—球阀；3—减压器；4—耐震压力表；

5—油箱冷却器；6—球阀；7—雾状喷嘴（外喷雾）；8——线型喷嘴图(内喷雾)

水从井下输水管通过过滤器（50 目）粗过滤后进入总进液球阀，一路经减压阀减压至 1.5MPa 后，冷却油箱和切割电机，再引至前面雾状喷嘴架处喷出。另一路不经减压阀的高压水，引至悬臂段上的内喷雾系统的雾状喷嘴喷出，当没有内喷雾时，此路水引至叉形架前方左右两边的加强型外喷雾处的线型喷嘴喷出。

内喷雾配水装置安装在悬臂段内，8个线型喷嘴分别安装在截割头的齿座之间；外喷雾喷雾架固定在悬臂筒法兰上，安装有10个雾状喷嘴；加强型外喷雾的喷雾架固定在叉形架前端，安装有8个线型喷嘴。

二、冷却喷雾系统的维护

(1) 检查外喷雾冷却系统的工作压力是否正常，并及时调整；

(2) 检查外喷雾冷却系统的管路、接头、阀和油缸等是否泄漏并及时排除。

分任务七　掘进机的调试与安装

任务描述

掌握掘进机安装顺序和方法。

能力目标

① 能掌握掘进机安装顺序；

② 能说出掘进机安装时的注意事项；

③ 能掌握掘进机调试方法。

相关知识链接

一、机器的拆卸和搬运

掘进机的重量及体积较大，下井前应根据井下实际装运条件，视机器的具体结构、重量和尺寸，最小限度地将其分解成若干部分，以便运输、起重和安装。本机从设计和制造的角度上，考虑向井下运输时的分解情况，具体情况请参照图4-19、掘进机各主要零部件的重量和外形尺寸如表4-9所示，拆卸及搬运顺序表4-10所示。

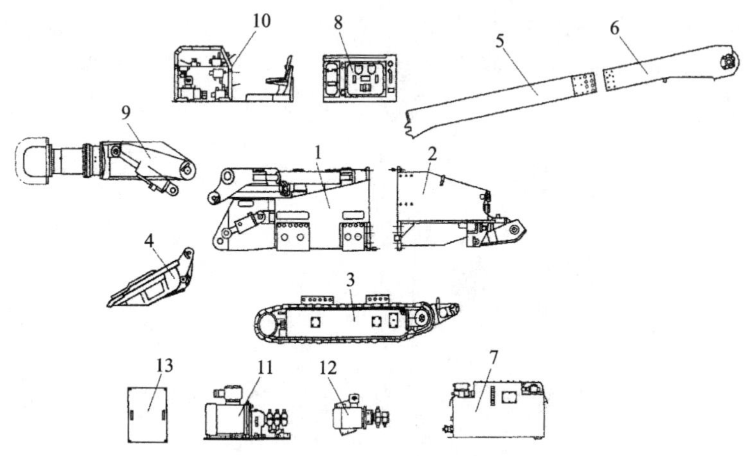

图4-19　EBZ120整机解体图

1—前机架；2—后机架；3—行走机构；4—铲板；5—机前部；6—机后部；7—油箱；8—电控箱；9—截割机构；10—操纵台；11—泵站；12—锚杆泵站；13—护板

表 4-9 EBZ120 型掘进机主要零部件的重量和尺寸

名 称	重量/kg	长度/mm	宽度/mm	高度/mm
截割机构	3686	3250	1410	700
装载机构	3189/3539	1787	2540/2820	567
刮板输送机	2100	5840	1050	520
回转台	1400	1500	1300	570
前机架	5065	2885	1336	1305
后机架	2282	1825	1440	1305
左/右行走机构	4048/5190	3760	994	700
泵站	978	1570	630	820
油箱	739	2120	630	874
操纵台	546	1215	635	850
电控箱	810	1625	550	700

表 4-10 拆卸及搬运排车顺序

拆卸顺序	排车顺序	部 件 名 称
1	10	各类盖板
2	1	截割部及其升降油缸
3	5	刮板输送机
4	2	装载部及其升降油缸
5	9	油箱总成
6	8	操作台
7	7	泵站
8	6	电控箱
9	3	左、右履带行走机构
10	4	前、后机架

1. 掘进机拆卸及井下运输注意事项

① 拆装前，必须在地面对所有操作方式进行试运转，确认运转正常。

② 拆卸人员应根据随机技术文件熟悉机器的结构，详细了解各部位连接关系，并准备好起重运输设备和工具，确保拆卸安全。

③ 根据所要通过的巷道断面尺寸（高和宽），决定其设备的分解程度。

④ 机器各部件下井的运输顺序尽量与井下安装顺序相一致，避免频繁搬运。

⑤ 对于液压系统及配管部分，必须采取防尘措施。

⑥ 所有未涂油漆的加工面，特别是连接表面下井前应涂上润滑脂；拆后形成的外露连接面应包扎保护以防碰坏。

⑦ 小零件（销子、垫圈、螺母、螺栓、U 形卡等）应与相应的分解部分一起运送。

⑧ 下井前，应在地面仔细检查各部件，发现问题要及时处理。

⑨ 应充分考虑到用台车运送时，其台车的承重能力、运送中货物的窜动，以及用钢丝绳固定时防止设备损坏及划伤。

⑩ 为了保证电气元件可靠工作，电控箱运输时必须装设在掘进机的减震器上。

2. 掘进机井下组装

安装前做好准备工作：应根据机器的最大尺寸和部件的最大重量准备一个安装场地，该场地要求平整、坚实，巷道中铺轨、供电、照明、通风、支护良好，在安装巷道的中顶部装设满足要求的起吊设备（<5t），在安装巷道的一端安装绞车，两个千斤顶及其他必要的安装工具。安装前应擦洗干净零部件连接的结合面，认真检查机器的零部件，如有损坏应在安装前修复。

将掘进机各组件按照以上所述运送到安装地点卸下后，即可按照井下装配顺序表依次进行安装。

① 用枕木先将前、后机架垫高400mm，并连接到一起，保证连接螺栓锁紧扭矩达到要求值990N·m；

② 分别将左、右履带行走机构与机架连接在一起，连接螺栓紧固力矩达到要求值1960N·m；

③ 安装装载部及其升降油缸；

④ 安装刮板输送机及刮板链；

⑤ 安装油箱；

⑥ 安装电控箱；

⑦ 安装截割机构及升降油缸；

⑧ 安装液压操纵台；

⑨ 安装液压泵站及锚杆机泵站；

⑩ 敷设液压管路及电缆；

⑪ 安装护板；

⑫ 按润滑表要求润滑各部位；

⑬ 对机器进行调试、调整；

⑭ 试车：按规定的操作程序启动电动机并操纵液压系统工作，进行空运转。

注意事项：

① 空运转中应随时注意检查各部分有无异常声响，检查减速器和油箱的温升情况；

② 检查各减速器对口面和伸出轴处是否漏油；

③ 试运转的初起阶段，应注意把空气从液压系统中排出，检查液压系统是否漏油；

④ 油箱及各减速器内的油位是否符合要求；

⑤ 各部件的动作是否灵活可靠等。

在上述各种情况符合设计要求后，则可进行正常工作。

3. 掘进机装配注意事项

(1) 液压系统和供水系统各管路和接头必须擦拭干净后方可安装；

(2) 安装各连接螺栓和销轴时，螺栓和销轴上应涂少量油脂，防止锈蚀后无法拆卸；各连接螺栓必须拧紧，重要连接部位的螺栓拧紧力矩应按规定的拧紧力矩进行紧固，参照螺栓紧固力矩表；

(3) 安装完毕按注油要求加润滑油和液压油；

(4) 安装完毕必须严格检查螺栓是否拧紧；油管、水管连接是否正确；U形卡、必要的管卡是否齐全；电动机进线端子的连接是否正确等；

(5) 检查刮板输送机链轮组，应保证链轮组件对中；刮板链的松紧程度合适；

(6) 安装完毕，对电控箱的主要部位再进行一次检查：

① 用手开合接触器3～5次，检查有无卡住现象；

② 进出电缆连接是否牢固和符合要求；

③ 凡进线装置中未使用的孔，应当用压盘、钢质压板和橡胶垫圈可靠地密封；

④ 箱体上的紧固螺栓和弹簧垫圈是否齐全紧固，各隔爆法兰结合面是否符合要求；

⑤ 箱体的外观是否完好，防爆标志是否齐全完好。

二、机器的井下调试

掘进机在安装完毕后，必须对各部件的运行做必要的调试，主要调试内容如下。

1. 检查电机电缆端子连接的正确性

① 从司机位置看，截割头应顺时针方向旋转；

② 泵站电机轴转向应符合油泵转向要求。

2. 检查液压系统安装的正确性

① 各液压元部件和管路的连接应符合标记所示；管路应铺设整齐，固定可靠，连接处拧紧不漏。

② 对照操纵台的操作指示牌，操作每一个手柄，观察各执行元件动作的正确性，发现有误及时调整。

3. 检查喷雾、冷却系统安装的正确性

内、外喷雾及冷却系统各元部件连接应正确无泄漏，内、外喷雾应畅通、正常。冷却电机及油箱的水压达到规定值1.5MPa。

三、机器的调整

机器总装和使用过程中，需要对行走部履带链松紧、中间刮板输送机刮板链的松紧及液压系统的压力、供水系统的压力经常检查，发现与要求不符时应及时做适当的调整，调整方法如下。

1. 行走部履带链的张紧

行走部履带链的松紧调节采用液压油缸张紧装置（如图4-20所示）。具体方法是：

① 将铲板和后支撑腿落底并撑起机器，使两侧履带机构悬空；

② 使用黄油枪向张紧油缸（张紧行程120mm）压入润滑脂，当下链距履带架底板悬垂量为35mm时为宜(最大不得大于65mm，否则应拆除一块履带板)；

③ 然后在张紧油缸活塞杆上装入适量垫板及一块锁板，并锁紧；

④ 拧松注油嘴下的六方接头，泄掉油缸内压力后再拧紧该螺塞；

⑤ 抬起铲板及后支撑腿，使机器落地。

2. 刮板输送机刮板链的张紧

输送机刮板链的张紧是通过安装在输送机机尾部的张紧油缸来调整的（如图4-21所示）。刮板链条应有一定的垂度，垂度太大，刮板有可能卡在链道内，有时还会发生跳、卡链现象；垂度太小将增加链条张力和运行阻力，加剧零部件的磨损，降低使用寿命。具体调整方法是：

① 操作铲板升降油缸手柄，使铲板紧贴底板；

② 使用黄油枪向张紧油缸单向阀压注油脂（张紧行程120mm），并均等地调整左右张紧油缸，使传动链轮回链最大下垂度不大于70mm，张紧度应保证铲板摆动时，链轮仍能正

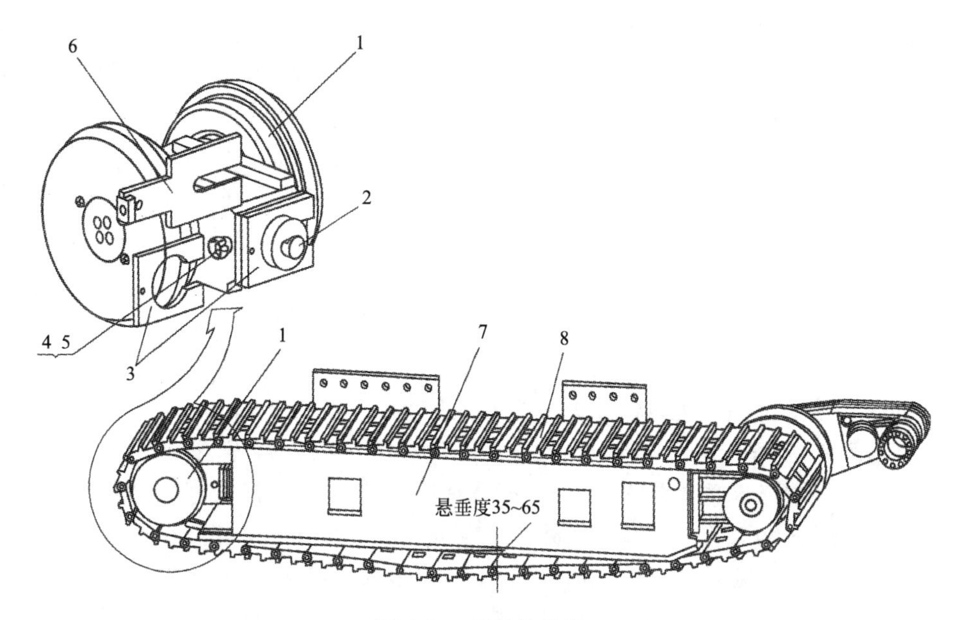

图 4-20　履带链张紧

1—导向张紧装置；2—张紧油缸活塞杆；3—垫板；4—注油嘴；5—六方接头；6—锁板；7—履带架；8—履带链

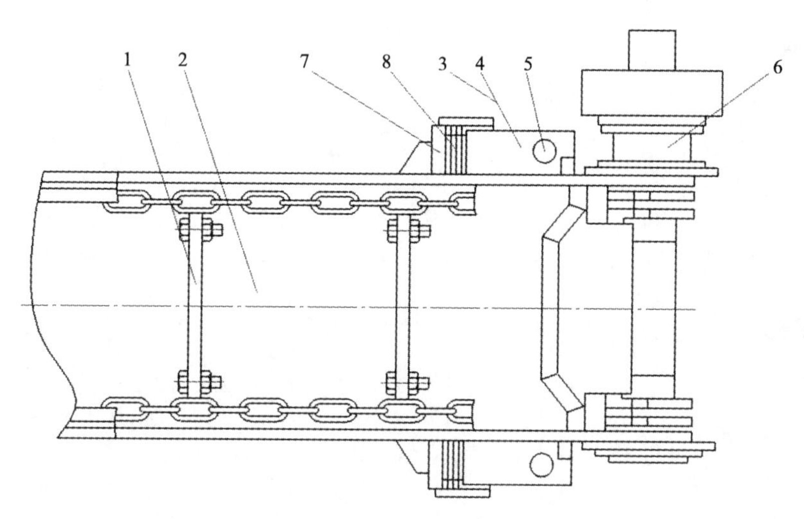

图 4-21　输送机刮板链张紧

1—输送机刮板链；2—后输送机；3—张紧油缸；4—单向阀；
5—螺塞；6—驱动装置；7—垫片架；8—垫片

确啮合，平稳运转；

③ 然后在张紧油缸活塞杆上装入适量垫板；

④ 拧松螺塞，泄掉油缸内压力后，再拧紧该螺栓，使张紧油缸活塞不承受张紧力；

⑤ 当用张紧油缸调整，不能得到预想的效果时，可取掉两根链条的两个链环，再调至正常的张紧程度。

3. 液压系统各回路压力的调整

① 油缸回路。工作压力为16MPa。其调节方法为：操作四联多路换向阀中任意一片换向阀，使其相应的油缸动作到极限位置（注意：不要松开手把），此时，慢慢调节溢流阀的

调压螺钉，同时观看压力表，使该回路的工作压力达到规定值后锁紧调压螺钉。

② 行走回路。工作压力为16MPa。回路工作压力由装在两联多路换向阀阀体内的溢流阀调定（注意：根据该机器液压系统的特点，行走回路的工作压力必须在运输机开动的情况下进行调定）。具体的方法是：调定时，先断开制动器的控制油路，并堵牢供油管（使履带制动），开动运输机，然后操作行走换向阀的手把（注意：不要松开手柄）慢慢调节多路换向阀上的溢流阀调压螺钉，同时观看压力表，使系统压力达到规定值，然后锁紧调压螺钉，停止装载转盘，最后务必将制动器控制油路接通。

③ 装载回路。工作压力为14MPa，通过调节换向阀体上的溢流阀来实现。其具体调节方法是：将两爬爪卡死，操作换向阀的手柄，慢慢调节换向阀上溢流阀的调压螺钉，同时观看压力表，使系统压力达到规定值后锁紧调压螺钉。

④ 运输回路。工作压力为14MPa，通过调节换向阀体上的溢流阀来实现。其具体调节方法是：用方木将链条卡住，操作换向阀的手柄向马达供油，慢慢调节换向阀上溢流阀的调压螺钉，同时观看压力表，使系统压力达到规定值。最后锁紧调压螺钉。

⑤ 锚杆钻机回路。工作压力为10MPa，通过调节换向阀体上的溢流阀来实现。其具体调节方法是：将接在换向阀工作口的供液接头堵死，操作换向阀的手柄，使其处于工作位，慢慢调节换向阀上溢流阀的调节螺钉，同时观看压力表，使系统压力达到规定值后锁紧调压螺钉。

4. 注意事项

① 各回路的工作压力在机器出厂时已经调好，生产过程中不要随意调节工作压力，若需要调整时应由专职人员进行。否则，会因为系统压力过高，而引起油管和其他液压元件的损坏，甚至造成安全事故。

② 所有溢流阀在进行压力调整前都必须先松开，然后再进行调整工作，调整时应使压力逐渐升高至所需要调整值，切忌由高往低调整，以避免造成系统元件或机器零部件的废坏。

附录　中英文对照

采煤机——coal winning machine
截煤机——coal cutter
滚筒采煤机——shearer，shearer-loader
双滚筒采煤机——twin-drum shearer-loader
爬底板采煤机——floor-based shearer
骑槽式采煤机——conveyor-mounted shearer
截割部——cutting unit
摇臂——ranging arm
滚筒——drum，pulley
截割滚筒——cutting drum
电控系统——electric control system
辅助装置——auxiliary device
链轮——chain wheel
截割高度——cutting height
截深——web [depth]
调高——vertical steering
调斜——roll steering
螺旋滚筒——screw drum，helical vane drum
截齿——pick
齿座——pick seat
扁截齿——flat pick
锥形截齿——conical pick
径向截齿——radial pick
切向截齿——tangential pick
截线——cutting line
截距——intercept
截齿配置——lacing pattern，pick arrangement
截割速度——cutting speed，bit speed
切削深度——cutting depth
截割阻抗——cutting resistance
截割比能耗——specific energy of cutting
行走部——travel unit，traction unit
行走驱动装置——travel driving unit
牵引机构——travel mechanism，traction mechanism
牵引力——haulage pull，tractive force

牵引速度——haulage speed，travel speed
内牵引——internal traction，integral haulage
外牵引——external traction，independent haulage
机械牵引——mechanical haulage
液压牵引——hydraulic haulage
电［气］牵引——electrical haulage
链牵引——chain haulage
无链牵引——chainless haulage
销轨式无链牵引——pin-track type chainless haulage
齿轨式无链牵引——rack-track type chainless haulage
链轨式无链牵引——chain-track type chainless haulage
牵引链——haulage chain，pulling chain
紧链装置——chain tensioner
喷雾系统——water-spraying system
内喷雾——internal spraying
外喷雾——external spraying
拖缆装置——cable handler
安全绞车——safety winch
进刀——sumping
截割头——cutting head
悬臂——boom
铲装板——apron
装煤机——coal loader
装岩机——rock loader，muck loader
耙斗装载机——slusher，scraper loader
耙斗——scraper bucket
扒爪装载机——gathering-arm loader，collecting-arm loader
扒爪——gathering-arm，collecting-arm
铲斗装载机——bucket loader
铲斗——bucket
铲入力——bucket thrust force
侧卸式装载机——side discharge loader
钻头——［bore］bit
钻杆——drill rod
钎头——［bore］bit
钎杆——stem
钎尾——［bit］shank
气腿——airleg
凿岩台车——drill jumbo，drill carriage
岩石电钻——electric rock drill

凿岩机——hammer drill，percussion rock drill
钻孔机械——drilling machine
潜孔钻机——down-hole drill，percussive drill
潜孔冲击器——down-hole hammer
探钻装置——probe drilling system
锚杆钻机——roofbolter
风镐——air pick，pneumatic pick
煤电钻——electric coal drill
钻井机——shaft boring machine，shaft borer
钻巷机——drift boring machine
反井钻机——raise-boring machine
钻装机——drill loader
可爬行坡度——passable gradient
最小转弯半径——minimal curve radius
离地间隙——ground clearance of machine
刮板输送机——scraper conveyor，flight conveyor
可弯曲刮板输送机——flexible flight conveyor，armored face conveyor(AFC)
拐角刮板输送机——roller curve conveyor
驱动装置——drive unit
机头部——drive head unit
端卸式机头部——front-discharging drive head unit
侧卸式机头部——side-discharging drive head unit
机尾部——drive end unit
［中部］槽——［line］pan
封底式槽——closed-bottom pan
开底式槽——open-bottom pan
标准槽——standard pan
调节槽——adjusting pan
过渡槽——ramp pan
刮板链——scraper chain，flight chain
中单链刮板链——single center chain
中双链刮板链——twin center chain
边双链刮板链——twin outboard chain
三链刮板链——triple chain
挡煤板——spill plate
铲煤板——ramp plate
张紧装置——tensioner，take-up device
推移装置——pusher jack
钢丝绳［牵引］运输——wire rope haulage
矿用绞车——mine winch，mine winder

液压支架——hydraulic support，powered support
支撑式支架——standing support
垛式支架——chock [support]
节式支架——frame [support]
掩护式支架——shield [support]
支撑掩护式支架——chock-shield [support]
端头支架——face-end support
锚固支架——anchor support
迈步式支架——walking support
即时前移支架——immediate forward support
放顶煤支架——sublevel caving hydraulic support
铺网支架——support with mesh-lying device
掘进机械——road heading machinery
巷道掘进机——road heading machine
全断面掘进机——full-face tunnel boring machine
部分断面掘进机——partial-size tunnelling machine
悬臂式掘进机——boom-type roadheader
最大结构高度——maximum constructive height
最小结构高度——minimum constructive height
最大工作高度——maximum working height
最小工作高度——minimum working height
支架伸缩比——extension ratio of support
带压移架——sliding advance of support
本架控制——local control
邻架控制——adjacent control
顺序控制——sequential control
成组控制——batch control
电液控制——electrohydraulic control
立柱——leg
顶梁——canopy
掩护梁——debris shield
前探梁——fore-pole
伸缩梁——extensible canopy
护帮板——face guard
底座——base
双组线机构——lemniscate linkage
防滑装置——non-skid device
防倒装置——tilting prevention
推移液压缸——pusher jack
乳化液泵站——emulsion power pack

参 考 文 献

[1] 沈国才．采煤机．北京：中国劳动社会保障出版社，2009.
[2] 魏晋文．煤矿机电设备使用与维修．北京：化学工业出版社，2011.
[3] 全国煤炭技工教材编审委员会．采煤机．北京：煤炭工业出版社，2000.
[4] 王红俭．煤矿电工学．北京：煤炭工业出版社，2005.
[5] 李锋，刘志毅．现代采掘机械．北京：煤炭工业出版社，2007.